U0588288

方与圆

文德 /编著

吉林文史出版社

图书在版编目（CIP）数据

　　方与圆 / 文德编著 . -- 长春 : 吉林文史出版社，
2018.8（2019.5 重印）

　　ISBN 978-7-5472-5170-6

　　Ⅰ . ①方… Ⅱ . ①文… Ⅲ . ①人生哲学—通俗读物
Ⅳ . ① B821-49

中国版本图书馆 CIP 数据核字（2018）第 141486 号

方与圆
FANGYUYUAN

编　　著　文　德
责任编辑　张雅婷
封面设计　末末美书
插图绘制　朱　杰
出版发行　吉林文史出版社有限责任公司
地　　址　长春市福祉大路出版集团A座
电　　话　0431-81629353
网　　址　www.jlws.com.cn
印　　刷　三河市华晨印务有限公司
开　　本　880mm×1230mm　　32 开
印　　张　8
字　　数　180 千
版　　次　2018 年 8 月第 1 版　2019 年 5 月第 2 次印刷
定　　价　36.80 元
书　　号　978-7-5472-5170-6

前言

　　方与圆是中国哲学和文化中特有的概念。早有"天圆地方"之说，意指天地的自然形态，后经演变，古代先贤赋予了方与圆更为复杂、更具内涵的哲学意义。在方圆之道中，方是原则，是目标，是做人之本；圆是策略，是手段，是处世之道。千百年来，"方圆有致"被公认为是最适合中国人做人做事的成功心法，成大事者的奥秘正在于方与圆的完美结合：方外有圆，圆中有方，方圆相济，方圆合一。

　　方圆之道是经典中的经典，是哲学中的哲学，是智慧中的智慧。孟子说："规矩，方圆之至也。"五千年的生存智慧浓缩于方圆之中，似太极般刚柔相济，变幻无穷。方圆智慧以不变应万变，以万变应不变，可以让你进退自如，无往不胜，营造良好的生存环境，成就功名与大业。

　　方是做人之本，圆是处世之道，方圆之道即是立世之本。"智圆行方"被古人当作境界极高的人生道德和智慧，许多人以此为治家之道。黄炎培曾教育儿子："和若春风，肃若秋霜。取象于钱，外圆内方。"意为做人要像古代的钱币一样，外圆内方，体现了为人之道和处世之道的至高学问和通达智慧。做人要有脊梁、有血性，要有金戈铁马、挥斥方遒的志向和气度，但又不可墨守成规，拘泥于形式，要有圆融处世、适应社会潮流的柔韧。在为人处世的过程中，方圆有度，该方时方，该圆时圆，才能圆润通达，玩转乾坤。可以说，方圆智慧是为人处世的永恒智慧。

为了让读者既能充分了解方圆哲学，又能游刃有余地使用方圆之道，把握好方圆之度，我们推出了这本《方与圆》。本书以理论联系实际，全面系统阐释方与圆的人生大智慧；从浅显到深奥，完整展现方与圆的人生哲学。在内容上涵盖了社会生活的方方面面，讲述了为人之道、处世之道、商海之道以及谋略之道等，并以事例为佐证，说明如何在生活中、职场中、商海中恰当地应用方圆哲学和方圆智慧，教你圆润为人、圆融处世的技巧和学问，正确面对商海谋略中的博弈和竞争，在社会上、职场中管人驭人的绝招和策略等，让你占尽先机，步步为营，早一步窥得成功的秘密。

目 录
perface

第一篇

方是刚，圆是柔

过刚则无弹性

坚守方正没有错，但是做人如果过于刚直，就失去了做人的弹性，容易得罪人，容易让自己陷入危险的境地。正如人们经常说的那样：过刚易折。所以我们在坚守方正的同时，也要保持做人的弹性，把握好"火候"，适可而止，同时也要学会圆融变通，否则受苦的就只有自己。

唐德宗时杨炎与卢杞一度同任宰相。卢杞是一个除了逢迎拍马之外一无所长的阴险小人，而且相貌奇丑无比。而与卢杞同为宰相的杨炎，却满腹经纶，一表人才。

但是，博学多闻、精通时政、具有卓越政治才能的杨炎，虽然具有宰相之能，性格却过于刚直。因此，像卢杞这样的小人，他根本就不放在眼里，从来都不屑与卢杞往来。

为此，卢杞一直怀恨在心，千方百计想要算计杨炎。

正好节度使梁崇义背叛朝廷，发动叛乱，德宗皇帝命淮西节度使李希烈前去讨伐。杨炎认为李希烈为人反复无常，坚决阻挠重用李希烈。

但是德宗已经下定了决心，对杨炎说："这件事你就不要管了！"可是，刚直的杨炎并不把德宗的不快放在眼里，还是一再表示反对任用李希烈，这使本来就对他有点儿不满的德宗更加生气。

　　不巧的是，诏命下达之后，正好赶上连日阴雨，李希烈进军迟缓，德宗又是个急性子，于是就找卢杞商量。卢杞便对德宗说："李希烈之所以拖延徘徊，正是因为听说杨炎反对他的缘故，陛下何必为了保全杨炎的面子而影响平定叛军的大事呢？不如暂时免去杨炎宰相的职位，让李希烈放心。等到叛军平定之后，再重新起用杨炎，也没有什么大关系！"

　　卢杞的这番话看似为朝廷考虑，而且也没有一句伤害杨炎的话，但德宗果然听信了卢杞的话，免去了杨炎的宰相职务。

　　就这样，一味刚直的杨炎因为不愿与小人交往而莫名其妙地丢掉了相位。

　　用违背道义、逢迎权势的态度来处世，固然会毁坏名气、丧失气节；但一味刚正不阿，不懂得保护自己，掩藏自己，那么最终受苦的就只有自己。所以，我们在想维护自己正直的生活态度的时候，也要学会一点儿圆滑，学会掩藏住自己的锋芒，让别人在你身上找不到话柄。

　　韩世忠和岳飞、张浚都是宋高宗时的抗金名将，高宗因怕这些名将功高盖世，

以后难以驯服，所以急于和大金议和，因众将抗金意志坚决，而且在战场上节节胜利，大金在军事上抵御不住岳飞、韩世忠，便在外交上给宋高宗施加压力，说大宋议和没有诚意。

宋高宗听信秦桧的奸计，解除了三人的军权，任命张浚、韩世忠为枢密使，岳飞为枢密副使，用职务上的升迁使三人脱离军队。

后来秦桧因岳飞多次阻挠他与大金议和的奸计，又屡次出言攻击他，心中怨恨，便罗织罪名把岳飞逮捕入狱，将其害死于风波亭。

当韩世忠听到岳飞被秦桧害死的消息后，义愤填膺当面质问秦桧，岳飞究竟所犯何罪？

秦桧无言以对，支支吾吾地说："岳飞的儿子岳云给部将张宪写信，让张宪要求朝廷派岳飞回军中，话虽不明白，这事件莫须有。"

韩世忠大怒，厉声说道："仅凭莫须有三字，何以服天下人心。"拂袖而去。

岳飞死后，韩世忠知道自己也难容于秦桧，便请求解除枢密使的职务。

韩世忠赋闲之后，口不言兵，每天跨驴携酒，泛游西湖，许多人都不知道这是名震天下的韩元帅。

韩世忠的部将旧属路过杭州时，都来拜访老师，韩世宗一律不见，平时也绝不和军中大将通报消息，以免被秦桧罗织成罪名。

秦桧害死岳飞后，对韩世忠也是恨之入骨，恨不能把他也一并除去。然而他没想到害死岳飞的民愤会如此之大，自己也感到很害怕，又见韩世忠口不言兵，又和军队断绝往来，也不再出言阻挠自己与大金议和的奸计，既无威胁也无妨碍，便放过了他。

韩世忠懂得适时收起自己的锋芒，才得以保身。可见圆融的重要。可是现代社会，很多人却不懂得圆融处世。如果是才华横溢，就可能清高自傲；如果个性十足，就可能一意孤行，我行我素……当我们坚守自己的刚直时候，很可能已经因为不懂得圆滑而得罪了别人，而此刻，那些对你心怀记恨的人，很可能就躲在某个角落，等着找你麻烦。

身处在这样的环境，自然不会舒服。所以，与其过于坚持自己，去得罪别人，不如适当地圆滑一点儿，表面上跟谁都合得来，内心里却有自己的分寸。这样，我们才能在人群中隐藏自己，不至于要时刻提防别人的算计。

过柔难以成形

淮阴侯韩信身经百战，战无不胜，攻无不克，是一员颇具大智大勇的战将，可是，他的"大智大勇"却难以掩盖他优柔寡断的性格。在长达四年的楚、汉相争期间，如果韩信既不从项羽也不属刘邦，自树一帜，即可同刘、项形成三足鼎立之势，而且当时的环境也为他自立提供了多次机遇。正是由于他优柔寡断的性格，他最终不仅失去了自立为王的机会，还把命搭了进去。

韩信率兵伐齐，斩了齐王田广，占领了齐国，不仅扩大了疆域，也壮大了自己的势力。这时，他已有数十万大军，成为举足轻重的人物。当时楚、汉相争的形势是，韩信叛刘归项则刘灭，向刘背则项亡。如果韩信自树一帜就会形成三足鼎立之势。

在刘邦与项羽相争得最激烈时期，诸侯各据一方，或叛项归刘，或背刘降项，或自立为王，群雄逐鹿，各逞其能。在风云变幻的楚汉相争中，英雄辈出，居然有一个不起眼的小人物——蒯通。他把当时天下的形势看得极为透彻。他深知"天下权在信"。于是拜见韩信，从当时的形势，韩信所处的环境与他的实力，以及他将来得天下的利益等诸方面苦口婆心地规劝他造反自立。可是韩信考虑许久还是说："先生言之有理，容我权衡一下，再做决定。"蒯通见韩信已被自己说服，便告辞了。

蒯通本以为韩信是个胸怀大志的人，将来一定能做出经天纬地的大事业，可他等了数日，却不见韩信有要自立为王的迹象，便又找韩信，说："希望将军快做决定，机不可失，时不再来。"韩信当即回答说："先生请不要再费心了。我考虑再三，自从归汉后，刘邦肯把将军大印交给我，统领数万大军，现在又封我为齐王，如果忘恩负义，必遭报应。况且我擒魏豹、平赵、定燕、灭齐，立下战功累累，又一向以忠信对待他。我想汉王不会亏待我的。"

蒯通听后，知再劝也没用，转身告退。他担心招惹是非，便仰天长叹，佯装疯癫，逃离汉营。

　　当时，韩信正处于楚汉相争的乱世，为他自树一帜提供了极好的契机；他本人智勇超常，手握重兵数十万，又雄踞齐地，有能力、有把握自立为王；还有蒯通为他出谋划策，可以说这是一位不可多得的谋士，他煞费苦心地规劝、开导，甚至开导到不能再开导的程度，可以说，天时、地利、人和都具备，而他仍然优柔寡断。正如韩信自己所说："我若负德，必至不祥。"后来的事实证明，他的命运果然"不祥"，但绝不是因"负德"，而是由于他优柔的性格所致，岂不是咎由自取？

　　后来韩信又一次错失良机。刘邦追杀项羽旧部钟离眜，韩信出于同乡之谊收留了他。这招致了刘邦的不满，而此时韩信若能当机立断，肯与钟离眜联手共同抗汉，那不仅保护了钟离眜的性命，他自己日后也能幸免于难。可惜的是，韩信在这次机遇面前仍犹豫不决，于是不仅失去了朋友，又眼睁睁地失去了成功的机会。

韩信不听蒯通的规劝，不理钟离昧的指点，只因他优柔寡断的性格，致使两次机遇都失去了。也许，对于优柔性格的韩信来说，最理想的行为方式，就是让别人先反，自己在一旁观看，败则与己无关，胜则乘势而起，韩信确实这样做了。然而，刘邦和吕后却不优柔，他们快刀斩乱麻，处决了韩信。直到临死一刻，韩信才仰天长叹："悔不听蒯通言，反被女人以计诛杀，呜呼哀哉！"

　　有些素质、人品及机会都很好的人，就因为寡断的性格，一生也就给糟蹋了。美国化工协会会长、美国FMC公司总裁威廉·沃特说："如果一个人永远徘徊于两件事之间，对自己先做哪一件犹豫不决，他将会一件事情都做不成。"的确，如果一个人在一种意见和另一种意见、这个计划和那个计划之间跳来跳去，像风标一样摇摆不定，每一阵微风都能影响它，那么，他在任何事情上都只能是一无所成。

阴无阳不利，刚无柔不生

　　老子在《道德经》上云："人之生也柔弱，其死也坚强。草木之生也柔脆，其死也枯槁。故坚强者死之徒，柔弱者生之徒。是以兵强则灭，木强则折。强大处下，柔弱处上。"由此可见，柔的力量是惊人的。将柔性运用于为人处世之中，往往能够无往不利、出奇制胜。

东汉末年，夺取西川是刘备的既定方针和基本战略目标。但是"蜀道之难，难于上青天"，欲取西川，必须先获取西川地理图本，以便详细了解西川的复杂地形。正当刘备筹备之时，益州别驾张松来了。张松本来是奉刘璋之命携带金珠锦绮为进献之物前往许都的，任务是联结曹操，共治张鲁。行前，张松还有一个打算，随身暗藏画好的西川地理图本，到许都伺机而行。张松的行迹，诸葛亮早派人随时打听着。没想到他到许昌之后，曹操表现出一副骄横傲慢的样子，对他的游说反应十分冷淡，一气之下，他挟图离开了许昌。可是他离开益州时在刘璋面前夸过海口，这次倘若无功而返、空手而归，又怕被人取笑。他突然想到：早就听说荆州的刘备仁高义厚，美名远播，我何不绕道走一趟荆州，看看刘备究竟是何等人物，然后再做定夺，于是改道来到荆州。

刘备一连留张松饮宴三日，从不提起川中之事。张松告辞准备返回益州，刘备又设宴送行。刘备亲自为张松斟酒，嘴里说道："承蒙张大夫不见外，故能留住三天，今日一别，不知何时方得赐教。"说完不觉潸然落泪。张松暗地寻思："刘备如此宽仁爱士，实在难得，我也有些不忍舍他而去，不如劝他径取西川。"于是说道："我也朝思暮想在你鞍前马后侍奉，只是未得其便。据我看来，你现在虽据有荆州，但东面孙权虎视眈眈，北面的曹操又常有鲸吞之意，恐怕不是久居之地呀！"刘备说："我也知道严峻的形势，但苦于再无别的安身之所啊！"张松又说："益州地域，地理险塞，沃野千里，乃天府之国。凡有才干的智士仁人，很早就仰慕皇叔你的功德，倘若你愿意率荆州之众，直指西川，则肯定霸业可成，汉室可兴。"刘备一听此言，故作震惊，慌忙答道："我哪敢有如此妄想。据守益州的刘璋也是帝室宗亲，又长久恩泽西川黎民，别人岂能轻易动摇他？"

此时的张松已完全落入刘备和诸葛亮的圈套，而且步步走向圈套的核心还不觉察，一听刘备这番话，更敬佩他的宽仁厚道，于是把心里话掏出来了："我劝刘皇叔进取西川，并不是卖主求荣，而是今天遇到了明主，不得不一吐肺腑。刘璋虽据有西川之地，但他本性懦弱，且是非难分，又不能任贤用能。况且北面的张鲁时有进犯之意。现在西川人心涣散，有志之人都希望择主而事。我这次本来受命去结交曹操，没想到他傲贤慢士，冷淡于我，一气之下我弃他而来见你。你若是先取西川为基础，然后向北发展图得汉中，最后收取中原，匡扶汉朝，将有名垂青史的大功。你要是愿意进取西川，我张松愿效犬马之劳，以做内应，不知意下如何？"

此时的刘备，见时机成熟，开始收紧套环，进入正题，但仍不露声色，只是无可奈何地说道："我对你的厚爱表示感谢，无奈刘璋与我同宗，同宗相拼，恐怕落得天下人笑话呀！"此时的张松已是不能自已了，生怕这笔"交易"做不成，错过机会，反过来还去做刘备的动员工作，只见他急切地说道："大丈夫处世，理当建功立业，哪能如此瞻前顾后、婆婆妈妈的。今天你若不取西川，他日为别人所取，那就悔之恨晚了！"

直到这时，刘备的谈话才涉及与地图有关的事。他说道："我听说西川之地，道路崎岖，千山万水，双轮车无法通过，连匹马并行的路都没有，就算想进军，也苦无良策啊！"张松忙从袖中取出图，递给刘备说："我深感皇叔盛德，才献出此图给你，一看此图，便对西川的地形地貌一目了然了。"

刘备略为展开一看，只见上面地理行程、远近阔狭、山川险要，府库钱粮一一俱载明白。刘备看到地图到手，自然高兴不已。可张松还嫌不够，进而说道："我在西川还有两个挚友，名叫法正、孟达，皇叔你欲进西川，他二人也肯定愿意相助。下次他二人若到荆州，你完全可以心腹事相商。"直到这时，这场"索图戏"方得谢幕。

在张松左右不定仍有退路的时候，刘备以厚待之，表现出了做人的柔和，可是当张松已经没有退路一心投靠他的时候，刘备又表现出了强硬的一面，从而顺利的得到了地图。既证实了张松的忠贞，又达到了自己的目的。这就是管理者的刚柔策略。

俗话说，柔弱之水可为滔天巨浪、摧枯拉朽、吞噬一切，可凿岩穿壁、滴水穿石。诚如刘备，柔并不是弱，刚也并非是因为强，刚柔不过是为人处世的一种策略，关键是看人们怎么运用它。

方是为人处世之根本

做人最重要的是什么？一位社会学家说的好，做人最重要的是要出于公心。翻开人类的历史，公心对人，平心对事，为人处世，最好是权衡轻重，以求公平二字，则人们没有不服从的。不能以公为私，以私害公，这两点最好是铭记在心。这也是处世服人的一个要点。

历史记载："范文忠公身为谏臣，赵清献公作为御史，因辩论事情意见相左而互有隔膜。王荆公几次诋毁范公，并且说：'陛下问赵，就知道他的为人。后来有一天，神宗问清献公赵，赵回答说：'忠臣。'皇上说：'你怎么知道他是忠臣呢？'赵回答说：'嘉初期，神宗违豫，他请立皇嗣，以安定国家，难道这不是忠吗？'退出后，王荆公问赵说：'你不是与范仲淹有仇隙吗？'赵说：'我不敢以私害公。'"不敢以私害公，说起来容易，做到就难了。既不敢以私害公，自然也不敢以公为私。从那以后，有几个人能及他？不但范文忠公佩服他，神宗也佩服，王荆公也不得不服。

不以公为私，就在于廉而不贪。这不但要观察他的从前，尤其要观察他的后来。顾亭林在《日知录》中说，季文子死时，以大夫礼节入敛，以他用过的家用器具陪葬。没有锦衣的妾婢，没

有吃粮食的马，没有家藏的金银，没有贵重家器。君子这就知道
季文子是忠于王室了。辅佐三代君主，而没有家私积蓄，难道说
不忠吗？

　　为官不为财，只是为了尽自己的责任，发挥出自己的最大作
用。像这样的人，还有很多，诸葛亮就是其中之一。

　　诸葛亮呈表给后主刘禅说："我家在成都有八百棵桑树，薄
田十五顷，子孙的穿吃二事，全靠自家，我觉得宽裕有余。至于
我在外面，没有别的调度，只有随身衣物、食用之类，全都仰仗
官府，不另索取，以长尺寸。我死的时候，不要使内有余帛，外
有赢财，以辜负陛下。"到诸葛亮死的时候，正像他所说的那样。
廉洁，不过是人臣的一节，而史家称他为忠。诸葛亮是以无为自
负的人而已。读过诸葛亮的表言，可以看出他的操守，他的志趣，
他的肝胆，他的赤诚之心，无不字字见血，句句心长，可以与日
月同辉。读了他的表言的人，几乎没有人不为他的精神所感化。

因为清廉，所以受人尊敬，也因为清廉，所以能够流传千古。诸葛亮等人的这种精神，不仅为自己的人生亮了一盏明灯，更是对后人起到了深远的影响。所以曾国藩在面对自己的学生时，曾经这样强调："当学诸葛，两袖清风，以贪赃枉法、受贿自富作为大戒，人情馈赠，也宜当免除。"

道光二十八年，曾国藩因为处理满族秀才闹事的案子，遭到了满族大臣的弹劾。为了息众怒，道光皇帝对曾国藩采取了惩罚，从二品官员降职为四品。官位虽然不及以前，但是曾国藩的实权却大了起来。当时，曾国藩的名声被传得越来越响，京城之中，就没有不知道他的，所以前来拜访他的人也越来越多，求字求文的人也不少。

在官场中，曾国藩一直怀着"当官以发财为耻"的信念，所以每年除了那一点儿俸禄，也就没有什么额外的收入了。曾国藩遭贬职以后，虽然权力大了，可是俸禄却减少了，一段时间下来，曾府的生活变得更加拮据了。

对于生活上的事情，曾国藩是不操心的，可是他的管家唐轩却急得不行。这天，唐轩拿着账本给曾国藩过目，还没等他说话，曾国藩就问："是家里没钱了吧？"唐轩说："大人英明。不瞒您说，您上个月光给人写字用的纸墨钱就二十两银子，可是给出去的字却分文未收，这就是白扔钱啊。咱们的账上现在只有十二两银子了。"曾国藩笑着抚慰唐轩说："没关系，咱们省着点儿用，够撑到下个月发俸禄的时候了。以后每顿饭可以只吃素菜，这样可以节省一些钱，也可以再裁下去两个轿夫，省几个大钱。"

唐轩听了，忙跟曾国藩说："大人，咱们家的轿夫能用几个钱啊？他们都比别家大人的轿夫少挣很多钱的，之所以不离开大人，是因为看重大人的人品。如果大人就这么把他们裁了，恐怕对不住人家的这份心啊。"曾国藩闻言，心里又是一阵感触："大家何苦跟我受这个苦呢！"

唐轩说："大人，同样的为官，恐怕只有您的收入最少了。"曾国藩点了点头，"我要是想挣更多的钱，就不会做官了，当官要的就是名声，如果为了一些钱而毁了自己的名声，那还不如不做了。很多人看不透这一点，所以不能做一个廉明的好官。其实廉和贪就好像是一对兄弟一样，一不小心就可能将自己送入万劫不复的深渊啊。"

唐轩听了大人的话，被大人为官不贪的品质深深地感动了。是啊，自古以来，为官者无数，可是为官不贪者能有几人？贪者，自然不会有好名声，不被人们所信服。

曾国藩说得没错，要想发财就不要去做官，以做官而发财，终究会有凄凉之日。作为一身之计，就不必为财；为了子孙之计，就不必留财。财多，必然累己、害己。还不如清廉自守，留个好名声，留个好榜样给子孙后代。

保持本色，坚守原则，不忘我们做人处世之根本，是我们在这个世上立足立身之根本。不忘做人处世之本，才能立得长久。

圆能让人懂得分享

　　圆融的人会放下自己的利益去迎合别人，当然也会懂得与人分享。在分享的过程当中，圆融的人看似付出了很多，可是他们从对方身上得到的，要比那些只懂得死守自己的利益的人要大得多。

　　从前，有两个饥饿的人得到了一位长者的恩赐：一根渔竿和一篓鲜活硕大的鱼。一个人要了一篓鱼，另一个要了一根渔竿，于是，他们分道扬镳了。得到鱼的人原地就用干柴搭起篝火煮起了鱼，他狼吞虎咽，还来不及品出鲜鱼的肉香，转瞬间，连鱼带汤就被他吃了个精光，不久，他便饿死在空空的鱼篓旁。另一个人则提着渔竿继续忍饥挨饿，一步步艰难地向海边走去，可当他已经看到不远处那片蔚蓝色的海洋时，他浑身一点儿力气也没有了，他也只能带着无尽的遗憾撒手人寰。

　　又有两个饥饿的人，他们同样得到了长者恩赐的一根渔竿和一篓鱼。只是他们并没有各奔东西，而是约定共同去找寻大海，他俩每次只煮一条鱼，经过长途跋涉，他们终于来到了海边。

　　从此，两个人开始了捕鱼为生的日子，几年后，他们盖起了房子，有了各自的家庭、子女，有了自己建造的渔船，过上了幸福安康的生活。

从上面的故事中，我们可以看出，只想着自己的人，往往要承受更多的痛苦，而只有懂得与人分享，才能体会更多的快乐。

一位生前经常行善的基督徒见到了上帝，他问上帝天堂和地狱有何区别。于是上帝就让天使带他到天堂和地狱去参观。

到了天堂，在他们面前出现了一张很大的餐桌，桌上摆满了丰盛的佳肴。围着桌子吃饭的人都拿着一把十几尺长的勺子。

不过令人不解的是，这些可爱的人们都在相互喂对面的人吃饭。看得出，每个人都吃得很愉快。天堂就是这个样子呀！他心中非常失望。

接着，天使又带他来到地狱参观。出现在他面前的是同样的一桌佳肴，他心中纳闷：地狱怎么和天堂一样呀！天使看出了他的疑惑，就对他说："不用急，你再继续看下去。"

过了一会儿，用餐的时间到了，只见一群骨瘦如柴的人来到桌前入座。每个人手上也都拿着一把十几尺长的勺子。可是由于勺子实在是太长了，每个人都无法把勺子内的饭送到自己口中，这些人都饿得大喊大叫。

以上两个小故事很简单，却向我们揭示了同样一个道理：当你将自己的东西分享给别人的时候，你其实是在利用另一种方式获得。因为别人会因为从你这里获得了而对你感恩，他们回报你的，将可能会比你付出的多出很多倍。

我们生活在一个崇尚合作的世界上，一个人价值的体现往往就维系在与别人互助的基础之上。许多时候，与人分享自己所拥有的，我们才能找到自己的位置和方向，也才能使自己的价值最大化。

一家有影响的公司招聘高层管理人员，12 名优秀应聘者经过初试，从上百人中脱颖而出，进入由公司老总亲自把关的复试。

老总看过这 12 个人详细的资料和初试成绩后，相当满意。但是此次招聘只能录取 4 个人，所以，老总给大家出了最后一道题。

老总把这 12 个人随机分成甲、乙、丙三组，指定甲组的 4 个人去调查本市婴儿用品市场，乙组的 4 个人调查妇女用品市场，丙组的 4 个人调查老年人用品市场。老总解释说："我们录取的人是用来开发市场的，所以，你们必须对市场有敏锐的观察力。让大家调查这些行业，是想看看大家对一个新行业的适应能力。

每个小组的成员务必全力以赴！"临走的时候，老总补充道："为避免大家盲目开展调查，我已经叫秘书准备了一份相关行业的资料，走的时候自己到秘书那里去取。"

两天后，12个人都把自己的市场分析报告送到了老总那里。老总看完后，站起身来，走向丙组的4个人，与之一一握手，并祝贺道："恭喜4位，你们已经被本公司录取了！"老总看见大家疑惑的表情，平静地解释道："请大家打开我叫秘书给你们的资料，互相看看。"原来，每个人得到的资料都不一样，甲组的4个人得到的分别是本市婴儿用品市场过去、现在和将来的分析，其他两组的也类似。老总说："丙组的4个人很聪明，互相借用了对方的资料，补全了自己的分析报告。而甲、乙两组的8个人却分别行事，抛开队友，自己做自己的。我出这样一个题目，其实最主要的目的，是想看看大家的团队合作意识。甲、乙两组失败的原因在于，他们没有合作，忽视了队友的存在！要知道，团队合作精神才是现代企业成功的保障！"

人生的成功与否往往取决于是否善于与他人分享自己所拥有的，自私的人往往对他人漠不关心，他们只在意自己的"一亩三分地"，只管攫取，从不奉献。这样的人终其一生也不会获得较大的成功。

工作中的失败者常常抱着"我赢你输"的态度，最后往往得到"谁也没赢"的结果。而真正的胜利者则具有"大家一起赢"的态度："如果我帮助你获胜，那么我也就胜利了。"

让人格成为一生的守护

　　人格是个人的道德品质，也是个人的性格、气质、能力等特征的总和。

　　不可否认，具有高尚人格的人也可能遭遇厄运和不幸，但是，具有高尚人格的人宁可遭遇厄运和不幸，也绝不会放弃高尚的人格，因为他们并不是为了得到回报才保持高尚的人格。正因为如此，一个人的人格魅力才会在困境的砥砺中焕发出迷人的魅力，并激发出感染别人的力量。

　　每一种真正的美德，如勤劳、正直、自律、诚实，都自然而然地得到了人类的崇敬。具备这些美德的人值得信赖、信任和效仿，这也是自然的事情。在这个世界上，他们弘扬了正气，他们的出现使世界变得更美好、更可爱。

　　人格就是力量，在一种更高的意义上说，这句话比知识就是力量更为正确。诚实、正直和仁慈，这些品质与每个人的生命息息相关，已成为一个人品格的最重要方面。正如一位古人所说的："即使缺衣少食，品格也先天地忠实于自己的德行。"具有这种品质的人，一旦和坚定的目标融为一体，那么他的力量便惊天动地，势不可当。

小到一个人，大到一个国家，都应该把人格作为一种最根本的品质去追求和守护。

　　1970年12月6日，波兰的首都华沙寒气逼人。来访的联邦德国总理勃兰特向华沙无名烈士墓献完花圈之后，来到华沙犹太人殉难者纪念碑前的广场。突然，他双膝着地，跪在了纪念碑前！他是向二战中被德国纳粹屠杀的510万犹太人表示沉痛哀悼，为纳粹时代德国所犯下的罪孽深感负疚，虔诚地认罪赎罪。勃兰特此举震惊了世界，尤其震撼了德国人的灵魂。

　　当时的民意调查显示，有80%的德国人非常赞赏此举，认为这种出乎意料的方式更充分地表达了德国人悔罪的诚意。此举也赢得了波兰人民的理解和信任，认为它为"结束一段充满痛楚与牺牲的罪恶历史"迈出了重要的一步。

　　1971年的诺贝尔和平奖授予了勃兰特。这是对勃兰特的肯定，而同样以人格感动全世界的人民的人，还有一个，那就是我们的周总理。

　　1976年1月8日，周恩来逝世。9日凌晨5点，联合国总部大厅的联合国大旗降了半旗，所有联合国会员国的国旗，都不升起。这在联合国从无先例。因此，有的国家大使提出质问：我们国家的元首去世，联合国大旗依然升得那么高，中国的第二首脑去世，联合国降半旗还不算，还把其他国家的国旗收起来，这是为什么？当时的联合国秘书长瓦尔德海姆说："为了悼念周恩来，联合国下半旗，这是我的决定。原因有二：其一，

中国是个文明古国，她的金银财宝多得不计其数。可是她的总理周恩来在国际银行没有一分钱的存款！其二，中国有 10 亿人口，可是她的总理周恩来没有一个孩子！你们任何一个国家元首，如能做到其中一条，在他去世时，总部也可以为他降半旗。"全场默然。

在重大的历史事件面前，在尖锐的意见分歧面前，是什么有如神助的力量保护了人的命运？甚至保护了民族、保护了国家的命运？是什么有如神助的力量能够使不同语言、不同肤色、不同民族、不同国家的人民消除隔阂、形成统一的思想和意志？是善良的力量，是正义的力量，是进步的力量，是推动历史车轮向前发展的人民群众的力量。而人格的力量，就是这些力量的集中体现。

由此，每个人都应该把拥有崇高的人格作为人生的最高目标之一，并竭尽全力去赢得这种非凡的力量，让人生因得到高尚人格的照耀而焕发独特的光辉。

第二篇

方是原则，圆是机变

坚持是方，放弃是圆

南怀瑾先生讲到太极拳与道功的时候，讲到自己的一段经历。他年轻时曾经想去跟杭州城隍山跟一老道学剑术。结果这个老道以南怀瑾先生底子不厚为由，让先生颇为难堪。先生当时立志学文兼学武，想经世济时，所以先生考虑再三，放弃了学武的念头，避免了心不专一导致一事无成的麻烦，一心学文，终成一代大家，正所谓"鱼与熊掌不可得兼"。事实上生活一直在考验我们如何善用理智平衡冲动的感情，又如何在理性与感性的制衡中有所取舍。南怀瑾先生一生贯通佛、道、儒三学，又有所偏重，可见他在舍与得之间、坚持与放弃之间找到了一个完美的契合点。人们常说"舍得"一词，却未必知道这舍得二字的禅意。舍得舍得，一舍一得，有所舍弃，才有所得到。

取舍与舍得，恰恰包含了人生方圆的大道理。

舍是圆，得是方。人们愿意获得，可是获得要在正确的道德的指引之下，而不能面对不良事物的诱惑而迷失方向。该得的要得，不该得的就要放弃，所以做人既要方正，又要圆融，既要懂得坚守自己应得的利益，又要能够放弃不该面对的诱惑。

这样的道理说起来容易，做起来就很难。在面对诱惑的时候，尽管理智会告诉自己放弃，可是很多人还是经不住诱惑，从而做出了错误的决定。

非洲土人抓狒狒有一绝招：故意让躲在远处的狒狒看见，将其爱吃的食物放进一个口小腹大的洞中。等人走远，狒狒就欢蹦乱跳地来了，它将爪子伸进洞里，紧紧抓住食物，但由于洞口很小，它的爪子握成拳后就无法从洞中抽出来了，这时，猎人只管不慌不忙地来收获猎物，根本不用担心它会跑掉，因为狒狒舍不得那些可口的食物，越是惊慌和急躁，就将食物抓得越紧，爪子就越无法从洞中抽出。

听说过这个故事的朋友都大呼"妙"！此招妙就妙在人将自己的心理推及到了类人的动物。其实，狒狒们只要稍一撒手就可以溜之大吉，可它们偏偏不！在这一点上，说狒狒类人，亦可说人类狒狒。狒狒的举止大都是无意识的本能，而人如果像狒狒一般只见利而不见害地死不撒手，那只能怪他利令智昏或执迷不悟了。

失恋者只要肯对抛弃自己的恋人撒手，何至于把自己弄得失魂落魄、心灰意冷？失业者只要肯对头脑中僵化的择业观撒手，何至于整天萎靡不振、怨天尤人？赌徒只要肯对侥幸心理撒手，何至于血本无归、倾家荡产？瘾君子只要肯对海洛因撒手，何至于如行尸走肉、浑噩一生？贪赃枉法者只要肯对一个"钱"字撒手，又何至于锒铛入狱甚至搭上自己性命？

该放手时请放手，不可陷得太深。留得青山在，不怕没柴烧。事实上，放手可以减轻许多麻烦和折磨，可以轻松地去开始另一件更有意义的事。做人应该灵活点儿，不能像狒狒那样一根筋。这就是所谓不舍就不得，舍弃才能得到的道理。

"舍得"在某种情况下就是一种变通。

从前有两个年轻人，一个叫小山，一个叫小水，他们住在同一村庄，成为最要好的朋友。由于居住在偏远的乡村谋生不易，他们就相约到远地去做生意，于是同时把田产变卖，带着所有的财产和驴子到远地去了。

他们首先抵达一个生产麻布的地方，小水对小山说："在我们的故乡，麻布是很值钱的东西，我们把所有的钱换取麻布，带回故乡一定会有利润的。"小山同意了，两人买了麻布，细心地捆绑在驴子背上。

接着，他们到了一个盛产毛皮的地方，那里也正好缺少麻布，小水就对小山说："毛皮在我们故乡是更值钱的东西，我们把麻布卖了，换成毛皮，这样不但我们的本钱回收了，返乡后还有很高的利润！"

小山说："不了，我的麻布已经很安稳地捆在驴背上，要搬上搬下多么麻烦呀！"

小水把麻布全换成毛皮，还多了一笔钱。小山依然有一驴背的麻布。

他们继续前进到一个生产药材的地方，那里天气苦寒，正缺少毛皮和麻布，小水就对小山说："药材在我们故乡是更值钱的东西，你把麻布卖了，我把毛皮卖了，换成药材带回故乡一定能赚大钱的。"

小山拍拍驴背上的麻布说："不了，我的麻布已经很安稳地在驴背上，何况已经走了那么长的路，卸上卸下太麻烦了！"小水把毛皮都换成药材，还赚了一笔钱。小山依然有一驴背的麻布。

后来，他们来到一个盛产黄金的城市，那充满金矿的城市是个不毛之地，非常欠缺药材，当然也缺少麻布。小水对小山说："在这里药材和麻布的价钱很高，黄金很便宜，我们故乡的黄金却十分昂贵，我们把药材和麻布换成黄金，这一辈子就不愁吃穿了。"

小山再次拒绝了："不！不！我的麻布在驴背上很稳妥，我不想变来变去呀！"小水卖了药材，换成黄金，又赚了一笔钱。小山依然守着一驴背的麻布。

最后，他们回到了故乡，小山卖了麻布，只得到蝇头小利，和他辛苦的远行不成比例。而小水不但带回一大笔财富，而且把黄金卖了，成为当地最大的富豪。

人一定要懂得在适当的时候变通，无谓的坚持是没有意义也没有价值的。常常觉得执着跟放手都需要很大的勇气。在追求自己的执着时，往往要做出牺牲，而那样的牺牲就叫作放手。在决定放手的时候，又经常是为了追逐别的。想要天底下出现事事完美的好状况，几率实在是低得可以，鱼与熊掌有九成九的机会不可兼得。

这就是抉择。

舍得之间，成大方圆。

从路径依赖走出来

路径依赖的意思是思维会受既定的标准所限制，而难以有所突破。它常常会作为一种现象出现在我们的生活中。

春秋时的一天，齐桓公在管仲的陪同下，来到马棚视察。他一见养马人就关心地询问："马棚里的大小诸事，你觉得哪一件事最难？"养马人一时难以回答。这时，在一旁的管仲代他回答道："从前我也当过马夫，依我之见，编排用于拦马的栅栏这件事最难。"齐桓公奇怪地问道："为什么呢？"管仲说道："因为在编栅栏时所用的木料往往曲直混杂。你若想让所选的木料用起来顺手，使编排的栅栏整齐美观、结实耐用，开始的选料就显得极其重要。如果你在下第一根桩时用了弯曲的木料，随后你就得顺势将弯曲的木料用到底，笔直的木料就难以启用。反之，如果一开始就选用笔直的木料，继之必然是直木接直木，曲木也就用不上了。"

管仲虽然不知道"路径依赖"这个理论，却已经在运用这个理念来说明问题了。他表面上讲的是编栅栏建马棚的事，但其用意是在讲述治理国家和用人的道理。如果从一开始就做出了错误的选择，那么后来就只能是将错就错，很难纠正过来。由此可见"路径依赖"的可怕性，如果最初的思维是错误的，也就难以得到正确的结果了。

我们的生活中、工作中常常会遇到"路径依赖"的现象，使思维陷入对传统观念的依赖中。这种依赖是创新路上的一块绊脚石，要想有所创新，就要努力突破"路径依赖"，开辟一条新的路径，像下面故事中的 B 公司销售人员一样。

A 公司和 B 公司都是生产鞋的，为了寻找更多的市场，两个公司都往世界各地派了很多销售人员。有一天，A 公司听说在赤道附近有一个岛，岛上住着许多居民。A 公司想在那里开拓市场，

于是派销售人员到岛上了解情况。很快,B公司也听说了这件事情,他们唯恐A公司独占市场,赶紧也把销售人员派到了岛上。

两位销售人员几乎同时登上海岛,他们发现海岛相当封闭,岛上的人与大陆没有来往,他们祖祖辈辈靠打鱼为生。他们还发现岛上的人衣着简朴,几乎全是赤脚,只有那些在礁石上采拾海蛎子的人为了避免礁石硌脚,才在脚上绑上海草。

两位销售人员一到海岛,立即引起了当地人的注意。他们注视着陌生的客人,议论纷纷。最让岛上人感到惊奇的就是客人脚上穿的鞋子,岛上人不知道鞋子为何物,便把它叫作脚套。他们从心里感到纳闷:把一个"脚套"套在脚上,不难受吗?

A公司的销售人员看到这种状况,心里凉了半截,他想,这里的人没有穿鞋的习惯,怎么可能建立鞋的市场?向不穿鞋的人销售鞋,不等于向盲人销售画册、向聋子销售收音机吗?他二话没说,立即乘船离开海岛,返回了公司。他在写给公司的报告上说:"那里没有人穿鞋,根本不可能建立起鞋的市场。"

与A公司销售人员的情况相反,B公司的销售人员看到这种状况时心花怒放,他觉得这里是极好的市场,因为没有人穿鞋,所以鞋的销售潜力一定很大。他留在岛上,与岛上人交上了朋友。

B公司的销售人员在岛上住了很多天,他挨家挨户做宣传,告诉岛上人穿鞋的好处,并亲自示范,努力改变岛上人赤脚的习惯。同时,他还把带去的样品送给了部分居民。这些居民穿上鞋后感到松软舒适,走在路上他们再也不用担心扎脚了。这些首次穿上了鞋的人也向同伴们宣传穿鞋的好处。

这位有心的销售人员还了解到，岛上居民由于长年不穿鞋的缘故，与普通人的脚形有一些区别，他还了解了他们生产和生活的特点，然后向公司写了一份详细的报告。公司根据这些报告，制作了一大批适合岛上人穿的鞋，这些鞋很快便销售一空。不久，公司又制作了第二批、第三批……B公司终于在岛上建立了市场，狠狠赚了一笔。

按照传统路径，海岛上的居民不穿鞋子，鞋子又怎会在这里有市场呢？然而，B公司的销售人员却突破了对这一路径的依赖，用创新的方法使居民认识到穿鞋的好处，就这样，轻而易举地打开了一片新的市场。

"路径依赖"理论不仅为我们显现了禁锢思想的原因，同时也提出了解除这种禁锢的方法，那就是从源头上突破对某一种观点或规范的依赖，尝试用一种全新的方法，走一条全新的道路。尝试为创新思维开辟一片发展的空间，在这片自由的天空下，将创造力发挥到极致，取得生活与事业的双赢。

改变思维，改变人生

在世界上极具影响力的美国心理学家马尔比·D·巴布科克说："最常见同时也是代价最高昂的一个错误，就是认为成功依赖于某种天才、某种魔力，某些我们不具备的东西。"成功的要素其实掌握在我们自己手中，那就是正确的思维。一个人能飞多高，是由他自己的思维所制约。有这样一个故事，相信对大家会有启发。

一对老夫妻结婚 50 周年之际，他们的儿女为了感谢他们的养育之恩，送给他们一张世界上最豪华客轮的头等舱船票。老夫妻非常高兴，登上了豪华游轮。真的是大开眼界，可以容纳几千人的豪华餐厅、歌舞厅、游泳池、赌厅等应有尽有。唯一遗憾的是，这些设施的价格非常昂贵，老夫妻一向很节省，舍不得去消费，只好待在豪华的头等舱里，或者到甲板上吹吹风，还好来的时候他们怕吃不惯船上的食物，带了一箱泡面。

转眼游轮的旅程要结束了，老夫妻商量，回去以后如果邻居们问起来船上的饮食娱乐怎么样，他们都无法回答，所以决定最后一晚的晚餐到豪华餐厅里吃一顿，反正最后一次了，奢侈一次也无所谓。他们到了豪华的餐厅，烛光晚餐、精美的食物，他们吃得很开心，仿佛回到了初恋时候的感觉。晚餐结束后，丈夫叫来服务员要结账。服务员非常有礼貌地说："请出示一下您的船票。"丈夫很生气："难道你以为我们是偷渡上来的么？"说着把船票丢给了服务员，服务员接过船票，在船票背面的很多空栏里划去了一格，并且十分惊讶地说："二位上船以后没有任何消费么？这是头等舱船票，船上所有的饮食、娱乐，包括赌博筹码都已经包含在船票里了。"

　　这对老夫妇为什么不能够尽情享受？是他们的思维禁锢了他的行动，他们没有想到将船票翻到背面看一看。我们每一个人都会遇到类似的经历，总是死守着现状而不愿改变。就像我们头脑中的思维方式，一旦哪一种观念占据了上风，便很难改变或不愿去改变，导致做事风格与方法没有半点儿变通的余地，最终只能将自己逼入"死胡同"。

　　如果我们能够像下面故事中的比尔一样，适时地转换自己的思维方式，会使自己的思路更加清晰，视野更加开阔，做事的方法也会灵活多变，自然就会取得更优秀的成就。从某种程度上讲，改变了思维，人生的轨迹也会随之改变。

　　从前有一个村庄严重缺少饮用水，为了根本性地解决这个问题，村里的长者决定对外签订一份送水合同，以便每天都能有人把水送到村子里。艾德和比尔两个人愿意接受这份工作，于是村里的长者把这份合同同时给了两个人，因为他们知道一定的竞争将既有益于保持价格低廉，又能确保水的供应。

获得合同后，比尔就奇怪地消失了，艾德立即行动了起来。没有了竞争使他很高兴，他每日奔波于相距 1 公里的湖泊和村庄之间，用水桶从湖中打水并运回村庄，再把打来的水倒在由村民们修建的一个结实的大蓄水池中。每天早晨他都必须起得比其他村民早，以便当村民需要用水时，蓄水池中已有足够的水供他们使用。这是一项相当艰苦的工作，但艾德很高兴，因为他能不断地挣到钱。

几个月后，比尔带着一个施工队和一笔投资回到了村庄。原来，比尔做了一份详细的商业计划，并凭借这份计划书找到了 4 位投资者，和他们一起开了一家公司，并雇用了一位职业经理。比尔的公司花了整整一年时间，修建了从村庄通往湖泊的输水管道。

在隆重的贯通典礼上，比尔宣布他的水比艾德的水更干净，因为比尔知道有许多人抱怨艾德的水中有灰尘。比尔还宣称，他能够每天 24 小时、一星期 7 天不间断地为村民提供用水，而艾德却只能在工作日里送水，因为他在周末同样需要休息。同时比尔还宣布，对这种质量更高、供应更为可靠的水，他收取的价格却比艾德的低 75%。于是村民们欢呼雀跃、奔走相告，并立刻要求从比尔的管道上接水龙头。

为了与比尔竞争，艾德也立刻将他的水价降低了 75%，并且又多买了几个水桶，以便每次多运送几桶水。为了减少灰尘，他还给每个桶都加上了盖子。用水需求越来越大，艾德一个人已经难以应付，他不得已雇用了员工，可又遇到了令他头痛的工会问题。工会要求他付更高的工资、提供更好的福利，并要求降低劳动强度，允许工会成员每次只运送一桶水。

此时，比尔又在想，这个村庄需要水，其他有类似环境的村庄一定也需要水。于是他重新制订了他的商业计划，开始向全国甚至全世界的村庄推销他的快速、大容量、低成本并且卫生的送水系统。每送出一桶水他只赚1便士，但是每天他能送几十万桶水。无论他是否工作，几十万人都要消费这几十万桶的水，而所有的这些钱最后都流入了比尔的银行账户中。显然，比尔不但开发了使水流向村庄的管道，而且还开发了一个使钱流向自己钱包的管道。

比尔之所以能获得成功，就在于他懂得及时变换思维。当得到送水合同时，他并没有立即投入挑水的队伍中，而是运用他的智慧将送水工程变成了一个体系，在这个体系中的人物各有分工，通力协作。当这一送水模式在本村庄获得成功后，比尔又考虑到其他的村庄也需要这种安全卫生方便的送水服务，更加开拓了他的业务范围。比尔正是运用了巧妙的思维变通达到了"巧干"的结果。

思路决定出路，思维改变人生。应对人生难题，如果不懂得变化，只会让发展停滞。而懂得变化的人，则能在竞争中占有绝对优势。

因事而变，让人生总处在不败的状态

一棵小草，在风势来临时，要么折断，要么弯曲。只有因事而变，随风而动，看似柔弱，实则坚韧，才能让自己的人生总是处于不败的状态。

清末民初，被人称为三朝元老的徐世昌在慈禧掌权时，曾做过军机大臣；载沣当政时，做过邮传尚书；袁世凯任总统时，做过国务总理；段祺瑞执政时，做过总统。为什么他能屹立不倒、一直得势呢？

袁世凯死后，北洋军阀分裂，一派是皖系，以段祺瑞为首；一派是直系，以冯国璋为首。徐世昌则不属于任何一个派系。

1917 年，张勋复辟失败，黎元洪下台，冯国璋继任大总统，段祺瑞任政府总理。

冯、段二人貌合而神不合，双方谁也不买谁的账，虽说段祺瑞把持着政府，掌握实权，但据此就想把冯国璋当作黎元洪一样成为他操控的机器，也是不可能的。冯国璋同样也处处拆段祺瑞的台。

段祺瑞对南方用兵，想统一天下，派皖系军人傅良佐入主湘中，而冯国璋则指示直系军队不战而退，使皖系军队失利。

冯国璋与段祺瑞之间的关系日趋恶化，梁士怡请徐世昌出面调解，徐世昌说："往昔府院明争，我能解；今乃暗斗，我没办法，做不到。"他不想得罪任何一方。

南北双方再战，北洋军直系的后起之秀吴佩孚一路取胜，一直打到衡阳。但不久，吴佩孚就通电主和，公开攻击段祺瑞的"武力统一"政策"实亡国之政策"。

为了倒冯，段祺瑞表示要与冯国璋同时下野，这样给冯国璋一个面子。

正在双方打得不可开交之时，徐世昌却当选为中华民国总统。

有人说这是"鹬蚌相争，渔翁得利"，有人说徐世昌的总统是捡来的。但不管怎么说，他终归是总统。

徐世昌做官时间长，对上层的钩心斗角了解最深。所以他做官尽量避免卷入政治斗争的旋涡，对官员们能保则保，能帮则帮，

是个"大好人"。

后来，徐世昌见上层斗争太激烈，难以应付，就请调东北三省总督，远离了北洋政府激烈斗争的旋涡。

1908 年，光绪、慈禧相继去世，溥仪继承大统，其父载沣做了摄政王。

载沣为了打击北洋势力，让袁世凯"回籍养疴"。徐世昌在此危急关头，急流勇退，采用以退为进的方法，疏请开缺，清廷却以他向来办事认真为由驳回了他的辞职申请。

不久，徐世昌离开东北，入京就任邮传部尚书。

1910 年，载沣又提徐世昌任军机大臣，授体仁阁大学士，享受清代文臣的最高荣誉。

1911 年 10 月 10 日，武昌起义爆发，清政府派北洋军前去镇压，但北洋军"只知有宫保（袁世凯），不知有朝廷"，因而作战不力，很快南方各省纷纷独立。

这时，精明的徐世昌看到，这是一个不可多得的历史时机，必须靠他的密友袁世凯出山，收拾残局，于是他开始加紧活动。后来有人说，袁世凯下野后，徐世昌是他在北京的"灵魂"，此话有一定的道理。

但不管怎么说，徐世昌却是由科举之路，靠"中庸之道"，在仕途上飞黄腾达的。虽说有些做法颇具两面派的意味，但宦海风波，恶浪滔天，如果没有一点儿心机，光凭做个老好人，是难以生存下去的。

做人也一样，尽管很多时候我们想要保持自己的个性，不想被环境所左右，可是大局势已经摆在那里了，如果你还不懂得应变，就只有死路一条了。与其这样被动变化，倒不如在看清事情发展的方向的时候，就主动改变自己，让自己因时而动，因事而动，最终立于不败之地。

取巧不投机，圆融走捷径

懂得圆融的人是思路异常灵活的一群人，他们能够以敏锐的思维找到问题的症结所在，寻找更好的方法来获得最佳结果。所以，在追求目标的过程中，懂得圆融的人通常会比因循守旧的人更能找到做事的捷径，以较少的代价获得更大的成功。

彼得来这家快餐店工作的时间不长，却很快拿到了最高的薪金。对于这种"不公平"的分配，其他人提出了异议。面对周围人的牢骚与不解，老板让他们站在一旁，看看彼得是如何完成服务工作的。

在冷饮柜台前，顾客走过来要一杯麦乳混合饮料。

彼得微笑着对顾客说："先生，您愿意在饮料中加入1个还是2个鸡蛋呢？"

顾客说："哦，1个就够了。"

　　这样快餐店就多卖出 1 个鸡蛋，在麦乳饮料中加 1 个鸡蛋通常是要额外收钱的。而其他人一般会问："您愿意在饮料中加鸡蛋吗？"顾客一般会回答："不用，谢谢。"

　　看完彼得的服务过程，其他人恍然大悟。

　　彼得是一个懂得圆融的人，他的成功在于其做事讲究方法和策略，让顾客无论怎样选择，他都至少会卖出一个鸡蛋。所以，他在销售上的成绩，自然要比别人好很多。

　　圆融的人，往往能够很快地找到捷径。他们会突破思维定式，及时的转换脑筋，以达到最好的效果。但是，他们的圆融，并不是建立在没有道德约束的前提之下的，他们寻找到的捷径，也势必是正当的，而非投机取巧，损害他人的利益。

　　一个年轻的经理带了些未完成的工作回家处理，为第二天的一个重要会议做准备。他 5 岁的儿子每隔几分钟就跑过去打断一下他的思路。

几次之后，他看见了一张有世界地图的晚报，于是他把地图拿过来撕成几片，让他的儿子把地图重拼起来。他以为这样能使那小家伙忙上一阵子，借此他能完成工作。没想到 3 分钟后，儿子又跑过来兴奋地告诉他已经拼好了，这个经理十分吃惊，问儿子怎么能拼得这么快。小家伙说："图的背面有一个人，我只要把它翻过来，人拼好了，地图就拼好了。"

　　按照经理的想法，拼一个地图是要费很长时间的，可是儿子因为懂得变通，换了一个角度，也就可以在最短的时间里完成任务了。他的做法就是做事的一种圆融。

　　圆融的精髓就在于用最小的代价换取最大的收益。要达到目的有时并不需要像老黄牛般艰难，恰恰相反，走捷径在某些时候是最好的方法。

　　圆融的工作方法可以提高效率，善于用圆融变通的思路和方法去解决生活中的问题和困难，是一个人决胜的根本。

　　美国摩根财团的创始人摩根，原来并不富有，夫妻二人靠卖蛋维持生计。但身高体壮的摩根卖蛋远不及瘦小的妻子。后来他终于弄明白了原委，原来他用手掌托着蛋叫卖时，由于手掌太大，人们眼睛的视觉误差害苦了摩根。他立即改变了卖蛋的方式：把蛋放在一个浅而小的托盘里，出售情况果然好转。摩根并不因此满足。眼睛的视觉误差既然能影响销售，那经营的学问就更大了，从而激发了他对心理学、经营学、管理学等的研究和探讨，终于创建了摩根财团。

而日本东京的一个咖啡店老板则利用人的视觉对颜色产生的误差，减少了咖啡用量，增加了利润。他给 30 多位朋友每人 4 杯浓度完全相同的咖啡，但盛咖啡的杯子的颜色分别为咖啡色、红色、青色和黄色。结果朋友们对完全相同的咖啡的评价不同，他们认为青色杯子中的咖啡"太淡"；黄色杯子中的咖啡"不浓，正好"；咖啡色杯子以及红色杯子中的咖啡"太浓"，而且认为红色杯子中的咖啡"太浓"的占 90%。于是老板依据此结果，将其店中的杯子一律改为红色，既大大减少了咖啡用量，又给顾客留下了极好的印象。结果顾客越来越多，生意随之愈加红火。

　　取巧不是投机倒把，而是用最少的成本换取最大的收益，这就是变通的妙处所在。

　　比别人更快、更吸引眼球、更投其所好……这些看起来不"老实"，不循常规的"小聪明"，其中却隐藏着变通的大智慧。善于在问题面前走捷径的人，一定比只知拉车、不懂看路的人能获取更大的成功。

第三篇

讲求方正，乃为人之本

恪守信誉，方能立足

现实生活中，许多人把说谎、欺骗视为获取成功的一种手段，相信说谎、欺骗会给自己带来好处。

一个言行诚实的人，因为自觉有正义公理为之后盾，所以能够无愧做人，无畏缩地面对世界。

与一个欺骗他人、没有信用的人相比，一个诚实而有信用的人其力量要大得多。

所以即使从利害上打算，诚实也是一种最好的策略。

中国人历来把守信作为为人处世、齐家治国的基本品质，言必行，行必果。自古以来，讲信用的人受到人们的欢迎和赞颂，不讲信用的人则受到人们的斥责和唾骂。在人与人的交往中，把信用、信义看得非常重要。孔子说："与朋友交而不信乎？"墨子说："志不强者智不达，言不信者行不果。"还有"一诺千金，一言九鼎""一言既出，驷马难追"等都是强调一个"信"字。

生活里，才华出众的人并不少见，甚至时常有天才出现。但是，才华和智慧就是让人拥有信赖的资本么？真正值得信赖的是人品格中的忠诚和诚实。这种品质会赢得人们的尊重，忠诚是一个人美德中的基础，它会通过人的行动体现出来，即正直、诚实的行为。

如果人们把他看作一个可信的人，他一定做到了诚信，言必行，行必果。因此，值得信赖是赢得人类尊重和信任的前提。

曾子的妻子到市场上去，他的儿子哭闹着要跟着去。曾子的妻子说："你先回去，等回来时，宰只小猪给你吃。"妻子从集市上回来后，曾子要捉小猪杀给儿子吃，妻子不让他杀，说："这不过是和孩儿说着玩的。"曾子说："小孩子不可以和他说着玩，他们不懂事，全靠学父母的样子，听父母的言语，现在你欺骗他，不是教他欺骗吗？母亲欺骗儿子，儿子不相信母亲，这不是教养之道。"于是杀了小猪给孩子吃。

又如东汉时，汝南郡的张劭和山阳郡的范式同在京城洛阳读书，学业结束，他们分别的时候，张劭站在路口，望着长空的大雁说："今日一别，不知何年才能见面……"说着，流下泪来。范式拉着张劭的手，劝解道："兄弟，不要伤悲。两年后的秋天，我一定去你家拜望老人，同你聚会。"

两年后的秋天，张劭突然听见长空一声雁叫，牵动了情思，不由自言自语地说："他快来了。"说完赶紧回到屋里，对母亲说："妈妈，刚才我听见长空雁叫，范式快来了，我们准备准备吧！""傻孩子，山阳郡离这里一千多里，范式怎么来呢？"他妈妈不相信，摇头叹息："一千多里路啊！"张劭说："范式为人正直、诚恳、极守信用，不会不来。"老妈妈只好说："好好，他会来，我去打点儿酒。"

　　约定的日期到了，范式果然风尘仆仆地赶来了。旧友重逢，亲热异常。老妈妈激动地站在一旁直抹眼泪，感叹地说："天下真有这么讲信用的朋友！"范式重信守诺的故事一直被后人传为佳话。

　　古希腊哲学家苏格拉底曾与人辩驳过关于诚信的话题。

　　这一天，苏格拉底底像平常一样，来到雅典市场。他拉住一个过路人说道："对不起！我有一个问题弄不明白，向您请教。人人都说要做一个有道德的人，但道德究竟是什么？"

　　那人回答说："忠诚老实，不欺骗别人，才是有道德的。"

　　苏格拉底又问："但为什么和敌人作战时，我军将领却千方百计地去欺骗敌人呢？"

　　"欺骗敌人是符合道德的，但欺骗自己人就不道德了。"

　　苏格拉底反驳道："当我军被敌军包围时，为了鼓舞士气，将领就欺骗士兵说，我们的援军已经到了，大家奋力突围出去。结果突围果然成功了。这种欺骗也不道德吗？"

那人说："那是战争中出于无奈才这样做的，日常生活中这样做是不道德的。"

苏格拉底又追问："假如你的儿子生病了，又不肯吃药，作为父亲，你欺骗他说，这不是药，而是一种很好吃的东西，这也不道德吗？"

那人只好承认："这种欺骗也是符合道德的。"

苏格拉底又问道："不骗人是道德的，骗人也可以说是道德的。那就是说，道德不能用骗不骗人来说明。究竟用什么来说明它呢？还是请你告诉我吧！"

那人想了想，说："不知道道德就不能做到道德，知道了道德才能做到道德。"

苏格拉底拉着那个人的手说："您真是一个伟大的哲学家！您告诉了我关于道德的知识，使我弄明白一个长期困惑不解的问题，我衷心地感谢您！"

戴尔·卡耐基曾经说过："任何人的信用，如果要把它断送了都不需要多长时间。就算你是一个极谨慎的人，仅需偶尔忽略，偶尔因循，那么好的名誉，便可立刻毁损。所以养成小心谨慎的习惯，实在重要极了。"

信誉许诺是非常严肃的事情，对不应办的事情或办不到的事，千万不能轻率应允。一旦许诺，就要千方百计去兑现。否则，就会像老子所说的那样："轻诺必寡信，多易必多难。"一个人如果经常失信，一方面会破坏他本人的形象，另一方面还将影响他本人的事业。

古人崇尚仁、义、礼、智、信。信是立人之本。凡事应该以信誉为基础，只有具备了信誉这一良好的资本，你才能被人信赖，才能在办事时游刃有余，有更大的发挥空间。

当然诚信是有原则的。诚信要建立在与人为善的基础上。我们在做到诚信的同时，还要警惕，不要让自己的诚信被别人所利用，让自己受到伤害。

做回真正自由的自己

忠于你自己做真正自由的自己，或者说保持本来面貌，其意义并不仅仅是说不要假装或某人。而是指应该完全忠实于自己内在的我——你心目中认为对的那些。

曾经有这样一个故事：

有一个人带了一些鸡蛋在市场贩卖，他在一张纸上写道："新鲜鸡蛋在此销售"。

有一个人过来对他说："老兄，何必加'新鲜'两个字，难道你卖的鸡蛋不新鲜吗？"他想一想有道理，就把"新鲜"两字涂掉了。

不久，又有一个人对他说："为什么要加'在此'呢？你不在这里卖，还会去哪儿卖？"他也觉得有道理，又把"在此"涂掉了。

一会儿，一个老太太过来对他说："'销售'两个字是多余的，不是卖的，难道会是送的吗？"他又把"销售"擦掉了。

这时来了一个人，对他说："你真是多此一举，大家一看就知道是鸡蛋，何必写上'鸡蛋'两个字呢？"

结果所有的字全都涂掉了，他所卖的鸡蛋，也不如以前的多了。

英国戏剧家莎士比亚说："当忠于你自己！"忠于自己，人生才能获得真正的自由。

好莱坞一位名制片人戈德温，他并没有在哈佛或牛津等名牌大学读过书，他所受的正规教育，只是白天在工厂做工，晚上进夜校所念到的那么一点点。虽然他自己并不是一个研究莎士比亚的学者，可是他常常觉得上面引证的那句话，可能是趋向成功的指路牌。

他在好莱坞待了许多年。见过许多想试一试目前大家喜欢的电影风格的男女明星，想抄袭他人风格的导演，想模仿那些成名剧作家的编剧家，以及许多想放弃自己的风格而学人家的人们，他最终给他们的最基本忠告是："尽量表现你自己！"

从心理学角度来说，人的内趋力在心理层面主要是认知力、情感力和意志力。人在这种内趋力和活动中相应产生三种心理需要，即认知需要、情感需要和道德需要。知、意、情是和人外在追求的三种理想境界真、善、美一一对应的，所以人的认知需要、道德需要和情感需要主要表现为人对真、善、美的追求。人生可以平凡的度过，也可以不平凡的生活，每个人都不一样，每个人的标准也不一样，你的成功在人家的眼里也许就是一文不值，感觉自己成功了就对了。

其实，只有做好自己就够了，刻意模仿别人，往往适得其反。

大家都知道东施效颦的故事。古时候，越国有两个女子，一个长得很美，叫西施，一个长得很丑，叫东施。东施很羡慕西施的美丽，就时时模仿西施的一举一动。有一天，西施犯了心口疼的病，走在大街上，用手捂住胸口，双眉紧皱。东施一见，以为西施这样就是美，于是也学着她的样子在大街上走来走去，可是街上行人见了她的这个样子，吓得东躲西藏，不敢去看她。其实东施的出发点是好的，她是想学好，想变美，但她忘却了什么是美，什么是丑。但她不明白什么是表面美，什么是内在美，如何发掘自身优势展示自身美，做真正的自己。

无独有偶，《庄子·秋水》中也有类似的一个故事。

燕国寿陵地方有一位少年，这位寿陵少年不愁吃不愁穿，论长相也算得上中等人才，可他就是缺乏自信心，经常无缘无故地感到事事不如人，低人一等——衣服是人家的好，饭菜是人家的香，站相坐相也是人家高雅。他见什么学什么，学一样丢一样，虽然花样翻新，却始终不能做好一件事，不知道自己该是什么模样。家里的人劝他改一改这个毛病，他以为是家里人管得太多。亲戚、邻居们，说他是狗熊掰棒子，他也根本听不进去。日久天长，他竟怀疑自己该不该这样走路，越看越觉得自己走路的姿势太笨，太丑了。有一天，他在路上碰到几个人说说笑笑，只听得有人说邯郸人走路姿势美。他一听，对上了心病，急忙走上前去，想打听个明白。不料想，那几个人看见他，一阵大笑之后扬长而去。邯郸人走路的姿势究竟怎样美呢？他怎么也想象不出来，这成了他的心病。终于有一天，他瞒着家人，跑到遥远的邯郸学走路去了。一到邯郸，他感到处处新鲜，简直令人眼花缭乱。看到小孩走路，他觉得活泼、美，学！看见老人走路，他觉得稳重，学！看到妇女走路，摇摆多姿，学！就这样，不过半月光景，他连走路也不会了，路费也花光了，只好爬着回去了。

成语"邯郸学步"，比喻生搬硬套，机械地模仿别人，不但学不到别人的长处，反而会把自己的优点和本领也丢掉。

其实，大多时候我们只要做自己就好，让自己的心自由，让自己的人生在快乐中度过。

慎独自省

　　"慎独"二字，顾名思义，"慎"其"独"者也。《礼记·中庸》上说："莫见乎隐，莫显乎微，故君子慎其独者也。"《礼记·大学》中说："小人闲居，为不善，无所不至。"也是说的在独处独居的时候要能够"独行不愧影，独寝不愧衾"。曾子"吾日三省吾身"同样具有慎其独处的含义。

　　所谓"慎独"，汉代经学大师郑玄的解释是："慎独者，慎其闲居之所为。"也就是在一个人的时候，仍然按照道德原则行事，不做任何有损道德品质的事。

　　古希腊哲学家德谟克利特也说："要留心，即使当你独自一人时，也不要说坏话或做坏事，而要学得在你自己面前比在别人面前更知耻。"

　　金无足赤，人无完人。人活在世上，谁都难免有这样或那样的缺点和错误，谁都难免有丑陋的一面。罗曼·罗兰说："在你要战胜外来的敌人之前，先得战胜你自己内在的敌人；你不必害怕沉沦与堕落，只请你能不断地自拔与更新。"

　　每一种才能都有与之相对应的缺陷，如果不克服这种缺陷，这种才能就不能得到很好的发挥。一般来说，克服这种缺陷有很

多方法，最重要的就是多加小心。应该看准究竟是什么样的缺陷，死死地盯住，就像你的对手寻找你的毛病那样。要充分发挥自己的才能，就必须学会"三省吾身"，克服自己主要的缺陷。主要的缺陷被克服了，其他的不足就会很快克服。

卢梭在少年时曾经将自己极不光彩的盗窃行为转嫁在一个女仆的身上，致使这位无辜的少女蒙冤受屈，成功后卢梭为这件事陷入痛苦的回忆中。他说："在我苦恼得睡不着的时候，便看到这个可怜的姑娘前来谴责我的罪行，好像这个罪行是昨天才犯的。"

卢梭在他的名著《忏悔录》中对自己做了严肃而深刻的批判。他敢把这件丑事公诸世人，显示了他彻底反省的坦荡胸怀和不同凡响的伟大人格。

伊索寓言里有这样一则故事：

一个哲学家在海边看见一艘船遇难，船上的人全部淹死了。他便抱怨上帝不公，为了一个罪恶的人偶尔乘这艘船，竟让全船无辜的人都死去。

正当他沉思时，他觉得自己被一大群蚂蚁围住了。原来哲学家站在蚂蚁窝旁了。有一只蚂蚁爬到他脚上，咬了他一口。他立刻用脚将这些蚂蚁全踩死了。

这时，赫耳墨斯出来了，他用棍子敲打着哲学家的头说："你自己也和上帝一样，如此对待众多可怜的蚂蚁。你又怎么能做判断天道的人呢？"

有的时候看不见的，并不代表不存在。

君子的高贵品质往往在于其严于律己，尤其是在独处的时候。《咸宁县志》记载了"不畏人知畏己知"的故事。

清雍正年间，有个叫叶存仁的人，先后在淮阳、浙江、安徽、河南等地做官，历时30余载，毫不苟取。一次，在他离任时，僚属们派船送行，然而船只迟迟不启程，直到明月高挂才见划来一叶小舟。原来是僚属为他送来临别馈赠，为避人耳目，特地深夜送来。他们以为叶存仁平时不收受礼物，是怕别人知晓出麻烦，而此刻夜深人静，四周无人，肯定会收下。叶存仁看到这番情景，便叫随从备好文房四宝，即兴书诗一首，诗云：

月白清风夜半时，

扁舟相送故迟迟。

感君情重还君赠，

不畏人知畏己知。

接着，将礼物"完璧归赵"了。

孔子说："躬身厚而薄责于人，则远怨矣。"意思是多责备自己，少责备别人，怨恨就不会来了。

《三国演义》第六十二回中，写了庞统辅佐刘备进军西川时出现的一段小插曲——刘备设宴劳军，酒酣之际，刘、庞言语不和，刘备发怒，责问并驱赶庞统："汝言何不合道理？可速退！"夜半酒醒，刘备想起自己所说的话，大悔，次早穿衣升堂，请庞统谢罪曰："昨日酒醉，言语触犯，幸勿挂怀。"庞统谈笑自若。玄德曰："昨日之言，惟吾有失。"庞统曰："君臣俱失，何独主公。"玄德亦大笑，其乐如初。

本来，酒醉失言，虽然不好，但也算不得什么大错。刘备事后却一再自责，这是他自省的结果。

正直的人不会将错误掩盖，也绝不会打肿脸充胖子，他们会时时地反省，不断自我完善。

反省是一种心理活动的反刍与回馈。它是把当局者变成一个旁观者，他自己把自己变成一个审视的对象，站在另外一个人的立场、角度来观察自己，评判自己。

《中庸·天命章》里有一段话，大意为：在幽暗的地方，大家不曾见到隐藏着的事端，我的心里已显著地体察到了。当细微的事情，大家不曾察觉的时候，我的心中已显现出来了。所以君子独处的时候更加要谨慎小心，不使不正当的欲望潜滋暗长。

一个人是否具有反省能力对其为人很重要。反省可以改变一个人的命运和机缘。它在任何人身上，都会发生大效用。因为反省所带来的不只是智慧，更是夜以继日的进取态度和前所未有的干劲。当你克服了你的主要缺陷，你就会成为一个更强大的人。

孔子说："见贤思齐焉，见不贤而自省也。"意思是遇到品德高尚的人便要向他看齐；看见不贤的人，便要自省有没有同他类似的行为。孔子的学生曾子说："吾日三省吾身——为人谋而不贵乎？与朋友交不信乎？传不习乎？"就是说：我每天多次反省自己这一天做过的事，是否尽心竭力了？同朋友交往，是否诚实了？教师教授的知识是否复习了？朱熹说："日省其身，有则改之，无则加勉。"

在社会生活中，人与人之间免不了发生矛盾或产生隔阂。如果与邻居、同事或朋友闹了别扭，只去想对方的短处，会越想越觉得自己有理，越想越觉得委屈，因而越想越生气，关系必然越弄越僵。如果"三省吾身"，找一下自己的缺欠，就不难获得解决问题的钥匙。

一个人有缺点和过失是难免的，只要改正，就会进步。但是，往往有这样的情况：自己对别人的缺点，哪怕很小，也看得很清楚；而对自己的毛病却不易看到，甚至有时把自己的短处误认为是自己的长处。一个人的缺点和过失，不仅有害于自己，也会影响到他人。发现自己的缺点和过失，除了虚心听取别人的忠告、接受别人的批评外，还要三省吾身，也就是经常自省，这是行之有效的好办法。

执着走自己的路

    人们都向往自己成为天才或者伟人，但是，伟人只是人类中的极少一部分，他们的伟大是相对于平凡而言的。实际生活中，大多数人只局限在一定的活动范围之内，从人群中脱颖而出，成为伟人的几率是微乎其微的。但是，做一个正直诚实、光明磊落的人，最大限度地发挥自己的能力，体现自身的价值，这是人人平等的。平凡的岗位，也可以体现出人生的意义，真诚、公正、正直和忠厚是不可缺少的。这样，可以使每个人在自己的平凡位置上实现自身的价值。

    人们应该知道自己的实际能力与水平，不图虚名脚踏实地地走自己的路，而不应该投机取巧，心存侥幸。自古以来都是三种人的身边常有祸事：包藏祸心，损害别人利益者，会反受其害；过分嫉妒，容不得他人的人，不被他人所容；喜爱虚名，并且不择手段去窃取他人成就的人，早晚会被别人识破揭穿。

    第二次世界大战时期著名的美国将领——巴顿，其成功秘诀就是：着眼于目标，矢志不渝。

    1908 年 6 月，巴顿实现了童年时期就梦寐以求的愿望，成为著名的西点军校的学员。

学员时期的巴顿，的确非常引人注目，在他所学习的每个课题中，他都要力争第一；他极其注意军容风纪、外表仪态，他的军服上装有垫肩，不仅完全合体，而且每天洗烫，从不间断；他走起路来，昂首阔步，有军人气概；所有的体育项目以及他下功夫的其他各项活动，他都是输不起的，丝毫不能忍受被击败；在军事技术方面，则更是追求完全成功。

　　第一学年时，他全力以赴于列队操练，苦练基本功，并做到所有动作的完美无缺。当时队列操练在毕业成绩中只记15分，而数学却占200分，但在巴顿看来，努力争取队列训练的优秀成绩，是成为军人的第一步，所以他把全部时间都花在了队列操练上。到学年结束时，他的队列考试成绩虽名列第二，但数学成绩却位居榜尾，这使他留了级。

　　做一名优秀军人是他儿时的梦，不能顺利通过考试，令他十分伤心。考试失败没有使他退缩，更激起了他强烈的好胜心。在重修一年级时，他没有再将其全部时间用在队列操练上，除了猛攻数学外，还悉心阅读了大量军事史、战略、战术等方面的书籍。他从初期受挫中深知，一个人除品格外，知识尤为重要。信心和果断建立在知识之上，只有对军事专业的博学，才有可能成为优秀将领，否则只能是有勇无谋的一介"武夫"。

　　这一年，巴顿通过不懈努力，终于如愿以偿：他的全部课程合格，队列操练仍是他在班上赖以出人头地的科目。他成为学员中公认的佼佼者。

　　巴顿曾对密友谈起过他想在军校达到的三个目标：在军列训练中夺冠；到第四年级时升为学员副官；在田径运动项目上打破学院纪录而达到 A 级运动员标准。他说到做到：二年级时，他升为上士学员，第三学年升为军士（此二者都是二、三年级学员中最高的军阶），第四学年真的升为学员副官。毕业时，他的队列训练第一；刷新了几项学校田径赛纪录。

　　另一位优秀的将领拿破仑在学校读书时，简直笨得出奇。不论是法语还是别的外语，他都不能正确的书写，成绩一塌糊涂。而且，少年的拿破仑还十分任性、野蛮。不仅如此，拿破仑还袭击比他大的孩子，脸色苍白、体态羸弱的拿破仑却常让他的对手不寒而栗，他家里的人都骂他是蠢材，人们都称他"小恶棍"。在他的自传中，曾这样写道："我是一个固执、鲁莽、不认输、谁也管不了的孩子。我使家里所有的人感到恐惧。受害最大的是我的哥哥，我打他、骂他，在他未清醒过来时，我又像狼一样疯狂地向他扑去。"

可是，在这个遭人白眼的孩子的心中，信念的力量悄悄地滋长着。他朦胧地意识到自己的与众不同，然而他还未真正地认识它。而且，他心中有一种狂妄而任性的想法：凡是自己想要的东西，都要归自己所有。

一天天长大的拿破仑开始更理智更成熟地关注自己。他常沉溺于同龄人所无法想象的冥思苦想之中，他又疯狂地迷恋着各种复杂的计算，他已学会了用冷静而彻底计算过的理智很好地控制自己的行动。他惊奇地看到自己表现出来的出色的思考力，第一次真正地认识了自己。他的行动变得果敢而敏捷，富于抗争精神。

一种崭新的渴望点燃了他生命的热情，终有一天，他明白无误地告诉自己："是的，我具有最出色的军事家的素质，权力就是我要得到的东西！"清醒的自我意识一旦形成，便发挥出巨大的推动作用。拿破仑在成功之路上连战连捷，势如破竹。35岁时他登上了法国皇帝的宝座。

第四篇

圆融为人，乃应世之道

做事方正，做人圆融

1924 年，美国哈佛大学教授团在芝加哥某厂做"如何提高生产率"的实验时，首次发现人际关系才是提高工作效率的关键所在，由此提出"人际关系"一词。自此以后，人们普遍认识到个人的事业成功、家庭幸福、生活快乐都与人际关系有着密切联系。而人际关系技巧则能使你在与人交往中如鱼得水，是你在现实世界中拼搏、奋争的有力武器。这就是我们讲的做事要方正，做人要圆融。

先说方，做事要方正，便是说做事要遵循规矩，遵循法则，绝不可乱来，绝不可越雷池一步，这个道理在中国已流传了上千年。

中国人常说的"没有规矩不成方圆""有所不为才可有所为"，就是方这个道理。

每一个行当都有自己绝不可逾越的行规。比如说做官就绝对要奉守清廉的原则，从一开始就要做好承受清贫的思想准备，就像曾国藩家训"八不得"中的一条"为官要清，贪不得"一样。如果做官开始的动机就不纯或慢慢变质，企图以权谋私或权钱演变，那这个官就绝对当不好、当不长了。

为商要奉行的金科玉律是一个"诚"字。真正的大商人必是以诚行天下，以诚求发展，绝不会行狡诈、欺骗之伎俩，为一些蝇头小利或眼前得失而失信于天下。像韩国因商业楼倒塌而产生的震惊世界的惨案，便是因为韩国的建筑承包商在建造大楼时偷工减料；像中国某些生产鳖精厂家的秘密彻底被揭露，是因为他们生产的竟是没有鳖的鳖精，为此他们犯了行商的大忌。

做人要圆融。这个圆融绝不是圆滑世故，更不是平庸无能，这种圆是圆通，是一种宽厚、融通，是大智若愚，是与人为善，是居高临下、明察秋毫之后，心智的高度健全和成熟。不因洞察别人的弱点而咄咄逼人，不因自己比别人高明而盛气凌人，任何时候也不会因坚持自己的个性和主张让人感到压迫和惧怕，任何情况都不会随波逐流，要潜移默化别人而又绝不会让人感到是强加于人……这需要极高的素质，很高的悟性和技巧，这是做人的高尚境界。

圆的压力最小，圆的张力最大，圆的可塑性最强。

这圆好做又不好做。好做是因为如果人真正有大智慧、大胸

襟，真正能自强自信，心态平和，心地善良，凡事都往好的一面想，凡事都能站在对方的立场为他人着想，人的弱点皆能原谅，即便是遇见恶魔也坚信自己能道高一丈，如真能那样，人还有什么做不好呢？

当然也不乏有人为了某种利益和目的不惜敛声屏息，不惜八面讨好，不惜左右逢"圆"。但这种圆和那种圆绝对有本质的区别，这种圆的后面是虚伪和丑恶。

任何成功的后面都包含着牺牲。如果说有人能做到内方外圆的话，那也肯定包含了许多的牺牲。比如说做事要方，做事要有规矩、有原则，那就意味着许多事不能做、许多事又非要做，那无疑也就意味着会得罪许多人，惹恼许多人，意味着要舍弃许多利益甚至招来杀身之祸。如中国的民族英雄岳飞，但在"忠"君和"忠"国之间，为了"忠"舍弃了"孝"。为了这种原则，他惨死在风波亭。

做人圆融，也会有牺牲。有时要牺牲小我；有时要忍辱负重，忍气吞声；还有更多的时候要承受屈辱、误解，甚至来自至亲至爱的人的伤害。如明明你在履行一种神圣的职责，他却以为你好大喜功；明明你是深谋远虑，他却认为你是哗众取宠。

小牺牲换来小成功，大牺牲换来大成功。能做到方圆的，同时没有感到那是一种牺牲、痛苦的才是大成功、大境界；能为了方圆去承受牺牲的是小成功、小境界；不愿牺牲也做不到方圆的是不成功。

方圆之道蕴藏了成功之道，掌握了做事为人的方圆之道，成功离我们就很近了。

方外有圆，圆内有方

我们经常在报纸上见到穷凶极恶的罪犯窜入老百姓的家里，杀人越货、绑架无辜或逼人做人质的时候，被害人是怎样委曲求全，先以圆滑诚恳的语言赢得罪犯的信任，然后伺机在罪犯不在意或误认为在他的胁迫下真的与其合作的时候，出其不意地逃脱报案或径直击败罪犯，这其实是外圆内方的最好案例。试想，面对凶狠的罪犯，暴跳如雷，罪犯不先砍掉你的脑袋才怪。只有把方用圆先掩盖起来、包藏起来，装出很诚实的样子，利用拙笨的诚实稳住对方，充分地运用对方的怜悯之心，使对方不加害自己，才会为以后施展擒拿罪犯的计谋，赢得时间和条件。

这外圆内方的办法，在历史上就已有之。三国后期的司马懿，就是个外圆内方的高手，他佯装快要死的人，瞒过了大将军曹爽，达到了保护自己、等待时机的目的。最后实现了自己的抱负，统一了天下。这正是："鹰立似睡，虎行似病。"

还有，对一些有经验的领导者来说，更是如此，因为他们知道自己的权力再大，毕竟还是有限的，它不可能使所有的人都听命于自己。当自己的管理目标受到权力条件的限制，一时难以完全实现时，他就必须运用计谋、审时度势、权衡利弊，首先制服自己权力够得着的对象，暂时稳住还远离自己、鞭长莫及的对象。这在军事学上，叫远交近攻；在处世学上，叫外圆内方；在用人权术上，则是指采用不正当的手段，对"权力影响圈"外的下属装出和蔼可亲、体贴关怀的样子，但对"权力影响圈"内的下属，却严加管制，令人可畏。

总之，人生在世只要运用方圆之理，必能无往不胜，所向披靡；无论是趋进，还是退止，都能泰然自若，不为世人的眼光和评论所左右。

商界有巨富，官场有首脑，世外有高人。他们的成功要诀就是精通了何时何事可方，何时何事可圆的为人处世技巧。

因此，做人必须方外有圆，圆内有方，外圆内方。

重视日常应酬

圆融为人才能有良好的人际关系，这就要求我们重视日常应酬。

应酬是一门社交艺术，只有善用心思的人，才能达到联络感情的目的。卡耐基为我们讲了一个浅显易懂的例子：

一位同事生日，有人提议大家去庆贺，你也乐意前行，可是去了以后发现，这么多的人为他贺岁，他们为什么不在你生日的时候也来热闹一番？这就是问题所在，这说明你的应酬还不到家、你的人际关系还欠佳。要扭转这种内心的失落，你不妨积极主动一些，多找一些借口，在应酬中学会应酬。

比如，你新领到一笔奖金，又适逢生日，你可以采取积极的策略，向你所在部门的同事说："今天是我的生日，想请大家吃顿晚饭。敬请光临，记住了，别带礼物。"在这种情形下，不管同事们过去和你的关系如何，这一次都会乐意去捧场的，你也一定会给他们留下一个比较好的印象。

重视应酬，一定要入乡随俗。如果你所在的公司中，升职者有爱请同事的习惯，你一定不要破例，你不请，就会落下一个"小气"的名声。如果人家都没有请过，而你却独开先例，同事们会以为你太招摇。所以，要按约定俗成的规定来办。

重视应酬，还有一个别人邀请，你去与不去的问题。人家发出了邀请，不答应是不妥的，可是答应以后，一定要三思而后行。

对于深交的同事，有求必应，关系密切，无论何种场面，都能应酬自如。

浅交之人，去也只是应酬，礼尚往来，最好反过来再请别人，从而把关系推向深入。

能去的尽量去，不能去的就千万不能勉强。比如，同事间的送旧迎新，由于工作的调动，要分离了，可以去送行；来新人了可以去欢迎。欢送老同事，数年来工作中建立了一定的感情，去一下合情合理；欢迎新同事就大可不必去凑这个热闹，来日方长，还愁没有见面的机会吗？

重视应酬，不能不送礼，同事之间的礼尚往来，是建立感情、加深关系的物质纽带。

应酬需把握一些必要的技巧：

1. 对于话题的内容应有专门的知识。当你和对方谈到某一件事时，你必须对此确有所认识，否则说起来便缺乏吸引力，不能让对方感兴趣。

2. 充分明了人与人之间的关系的真理。有许多事即使做法不同，但道理是永不能改变的，这种"永不能改变"的道理，自己要常常放在心里。

3. 要培养忍耐力。切忌凡事小气。经验证明，小气常使自己吃亏。

4. 能够利用语气来表达你自己的愿望。不要使人捉摸不定，有些人以为态度模棱两可是一种技巧，其实是相当拙劣的。真正懂得运用应酬技术的人，都会让本身的立场迅速公开。

5. 常常保持中立，保持客观。按照经验，一个态度中立的人，常常可以争取更多的朋友。甚至对于你的"死党"，你也不必口口声声去对他表明，只要事实上是"死党"就行。

6. 对事物要有衡量种种价值的尺度，不要死硬地坚持某一个看法。

7. 对事情要守密。一个人不能守住秘密，会在任何事件上发现很多过失。

8. 不要说得太多，想办法让别人多说。

9. 对人亲切、关心，竭力去了解别人的背景和动机。

没有经过准备而进行一项应酬，常常不只不成功，而且会遭受无可挽救的失败。

如电话应酬，预先准备好别人说"是"或"否"时你应如何应对，就可以避免太多不必要的烦恼。

只有重视日常生活中的应酬，巧妙应酬，我们才能给自己拉出一个良好的人际交际的网络。

巧获热情与好感

善于圆融为人者应以礼待人，礼尚往来，这是出于他们内在的本性而致。荀子说："人无礼则不生，事无礼则不成，国家无礼则不宁。"又有圣人说："礼，就是天地的秩序。"礼是德行的外露，是人们作为范式的法则。大的方面就是天地的秩序，小的方面就是人伦的纲纪，以及事物的分别。简单说来，就是人们应事、待人、接物、处世的各种规矩、次序。善于做人者访友，可以通过下述技巧获得热情和好感，就能形成良好人缘。

1. 不做不速之客

访友做客应事先联系，待对方同意后按时赴约。不速之客冒昧登门会使对方不快，应予避免。到达主人家，要先按门铃或轻轻敲门。主人询问时，应通报自己的姓名，待主人同意后方可进入。

2. 带点儿小礼品

如应邀到朋友家吃饭，一般不要空手前往，可带一瓶酒、一包巧克力、一束花或给小孩带一个小玩具等礼品。但要注意的是，一般不要带比较贵重的礼品，以免主人怀疑你别有用心。

3. 在小孩身上动点儿脑筋

小孩是父母生命的延续，母亲对孩子怀有特别的爱，也希望

别人能喜欢她的孩子。关心和喜欢主人家的小孩，实际上就是对其父母的尊重。因此，为了赢得主妇的热情，可在小孩身上动点儿脑筋。从交际艺术上说，这叫作感情的曲线投入。

要尽量发掘小孩或在品貌上、智力上、习惯上、爱好上的优点和特色，并给予热情赞扬。任何一个小孩总是有自己的优点和特色，而这又总是和父母亲的培育和教养连在一起的，称赞孩子，母亲当然高兴。总之，要把小孩当作一个角色，不要以为无关紧要。

4. 保持必要的客气

进房门后，要将帽子、大衣或随身带来的雨具等放在门边或挂在衣架上。

如果有人引你到客厅请你稍候主人时，要站着等候，待主人出来说"请坐"后再坐下。坐时要注意姿势，不要跷腿或晃腿，

也不能双手抱膝。即使是十分熟悉的朋友，也不要太随便。尤其要注意，不能随意翻动主人的东西。如果要在主人家打电话，则须征得主人的同意。

5. 肯定主人的居室布置

家庭内部布置和陈设，往往是主妇们心血倾注之所在。正像人的相貌各不相同一样；家庭内部的布置和陈设也总是千差万别的，有的主妇喜欢读书，可能有精制的书柜，有的主妇爱好音乐，可能有昂贵的钢琴等，利用主人家内部的布置和陈设的特色给以赞赏，是赢得主妇热情的又一个方法，因为这实际上是对其个性的赞赏。

清洁卫生，是家庭主妇都很关心的一项内容。一般说来，家庭陈设的简陋是男人的无能，而家庭卫生不好，原因恐怕主要在于主妇。因而，真诚地称赞居室的布置和陈设，主妇当然会喜滋滋的。即使主人家的住房狭小，如能做恰到好处的赞扬，也会赢得主妇的好感。

6. 在主妇的手艺、衣着上打点儿主意

一般家庭主妇或多或少有点儿手艺和特长，或在烹饪上，或在编织上，或在裁剪上。手艺和特长通常是心灵手巧的一种反映，是智慧和勤奋的结晶。聪明的人会的很多，笨拙的人往往什么也不精。如发现主妇有某种手艺和特长，不失时机地给予赞扬，有助于赢得热情和好感。用餐时，发现某一道菜味道特别好，就详细询问做法，表示意欲回家仿做，这将大大刺激主妇的积极性。

在穿着上，女人是非常敏感的。称赞男子衣着得体，他们一般不会太在意，而称赞女子衣着得体，她们则往往会高兴一阵子，倘称赞之后，又能说出具体理由，使人觉得是内行人的赞词，那主妇内心的喜悦就可能非同寻常。主妇自己衣着随便，甚至不修边幅，而她的丈夫或小孩穿着比较入时和得体，则可在他们的衣着入手，称赞主妇把爱心倾注在丈夫和孩子身上，并且会打扮，懂穿着，有艺术眼光。

7. 主动帮着干点儿活

一道同去的客人较多，或者都要用餐或留宿，那么，主妇就会很忙，倒茶、洗水果、买菜、洗菜、整理房间等事情很多，有时会忙不过来。倘小孩还小或正处于似懂非懂的年龄，也有可能趁来客之机添乱。在这种情况下，客人不妨主动帮上一把，做些辅助性的事，如倒茶、洗菜、剥笋之类，不要摆出大老爷的架子，坐着不动。自是衣冠楚楚，不便劳动，可退至一旁，以免影响主妇劳作，必要时，可中止与男主人的谈话，劝男主人一道帮助妻子做点儿事。就餐时，可邀请主妇一道入席，并对她的辛勤操劳表示谢意。

8. 适时告辞

访友时要掌握时间，不要待得太久。当主人面露倦色或谈话高潮已过时，就应当主动告辞。

脸上先有微笑

每个国家和民族都有自己特别的风俗习惯和文化，都有自己的禁忌和避讳。比如在希腊和尼日利亚，摆手是一种极大的侮辱，尤其是当你的手接近对方脸部时；"再见"式挥手在欧洲可以意味着"不"，但在秘鲁却意味着"请过来"；在巴西，将你的拇指和食指相接——一个美国人的"OK"标志——意味着"见鬼去吧"；当与马来西亚或印度客户一起吃饭时，不要用左手进餐等等。然而却有一种交流方式是全球通用的，这便是微笑。微笑是我们这个星球上的通用语言，因此，不论走到哪里，都要带着微笑。

俗话说得好："眼前一笑皆知己，举座全无碍目人。"

美国的希尔顿饭店名贯五洲，是世界上最负盛名和财富的酒店之一。董事长唐纳·希尔顿认为：是微笑给希尔顿带来了繁荣。为什么希尔顿这么重视微笑呢？许多年前，一位老妇人在希尔顿心情不好的时候去拜访他，希尔顿不耐烦地抬起头，他看见的是一张微笑的脸。这张笑脸的力量是那么不可抗拒，希尔顿立即请她坐下，两人开始了愉快的交谈。交谈中他发现这妇人真的是那么慈祥，她脸上真诚的微笑完全感染了他。从此，他把微笑服务作为饭店的宗旨。每当他在世界各地的希尔顿饭店视察时，总会问员工："今天，你对顾客微笑了吗？"如果你去任何一家希尔顿饭店，你就会亲身感受到——希尔顿的微笑。唐纳·希尔顿总结说：微笑是最简单、最省钱、最可行、也最容易做到的服务，更重要的是，微笑是成本最低、收益最高的投资。因此，他要求员工不管多么辛苦，多么委屈，都要记住任何时候对任何顾客，用心真诚地微笑。即使是在20世纪30年代的大萧条中——各行各业，每个人的脸上都挂着愁云惨雾的时代，希尔顿的员工仍然用自己的笑容给每位顾客带去阳光。大萧条过后，希尔顿率先进入了繁荣期。也许是希尔顿人的微笑赢得了"上帝"，从此，它迈入了黄金时期。

下面是艾尔伯特·哈巴德的一段建议，可以把它作为行动的指南。

您上街时要昂首挺胸，微笑着向朋友问好，高兴地回应别人的握手。不要怕别人不理解，也不要想自己的敌人。努力确定您想干什么，然后尽力去实现自己的目的，努力想您想要完成的伟大光辉的事业。随着时间的推移，不用怀疑，您一定能找到实现您愿望的机会，就像珊瑚那样，从水中吸取它需要的东西。在您的心目中要装上您所向往的、干练的、真正朝气蓬勃的那个人的形象。您的头脑中经常出现这个形象，时间长了，就可帮您成为他这样的人。思想比什么都重要。您要保持必要的心理素质：勇敢、直率和乐观、正确的思想——这就意味着行动。

因此，您若想使人羡慕，应遵循的准则是"微笑"。

任何人，包括善于做人者在求人给自己办事时，应给被求者留下一个好的印象，而微笑则是一种办事前铺垫准备最佳途径。笑容堆满脸，不仅让人觉得自己的真诚，而且会形成一种和谐的气氛。

如果您心里不想笑，那怎么办？首先必须迫使自己笑。如果就您一个人，那就先开始吹吹口哨或哼哼歌曲。用这种方法控制自己，仿佛您很幸福，于是您就真觉得自己是幸福的人了。

微笑就像一抹宜人的春风，微笑拉近人与人之间的距离，让人与人之间的交流更加亲切自然，要圆融为人不要忘了微笑。

求大同存小异

心理学家高伯特普曾经说过："人们只在无关痛痒的旧事情上才'无伤大雅'地认错。"这句话虽然不胜幽默，但却是事实。由此，也可以证明：愿意承认错误的人是少的——这就是人的本性。

留心我们的周围，争辩几乎无处不在。一场电影、一部小说能引起争辩，一个特殊事件、某个社会问题能引起争辩，甚至，某人的发式与装饰也能引起争辩。而且往往争辩留给我们的印象是不愉快的，因为他的目标指向很明白：每一方都以对方为"敌"，

试图以一己的观念强加于别人。

人与人之间相互交往，难免有意见相互时候，如果事无巨细都要求有个对全者的结果，这样就很难圆融待人，所以在这种情境下我们可以把握求大同存小异的原则。

即使是作为朋友，每一个人都应该明白这点，自己永远生活在社会之中，同事之中，朋友之中，只有"同舟共济"才能共同生存，也只有尊重和帮助别人，才能赢得别人的尊重和帮助。

明白了这一点，我们在与朋友交往过程中，在办事过程中，也就必须以求大同存小异为原则。

因为在现实生活中，朋友之间所处的环境不同，在经历、教育程度、道德修养、性格等方面虽然是"同声相应、同气相求"，但也不尽相同，必然存在着一定的差距。这种差距，不应该成为友谊的障碍。友谊的长久维持应该是正确对待这类差距的结果。应该承认自己和朋友在对待事物方面的差距，适应这种差距，双方可以有争论，有辩解，但不可偏激，应在争论中寻找两个契合点，求大同，存小异。而事实上，有许多友情之所以中断，就缘起于对一些小异的偏激争执上。

所以当双方都各执己见、观点无法统一的时候，自己应该会把握自己，把不同的看法先搁下来，等到双方较冷静的状态时再辨明真伪。

而在当你胜利的时候，你也应该表现出自己的大将风度，不应该计较刚才对方对你的态度。应该顾及对方的面子，可以给对方一支烟或是一杯茶，抑或是向他求索一点儿小帮忙，这样往往可以令他重返愉快的心理。这样才可使朋友之间长期相知相交。

很多时候，很多人忽略了朋友的感觉，以为自己用某个理论或事实证明自己观点的正确就一定让对方心服口服。而事实上不是这样。

这样看来，你虽然得到了口边的胜利，但和那位朋友的友情，却从此疏远了，甚至一刀两断。有些人在和朋友翻脸之后，明知大错已铸成，也故作不后悔状，还经常这样认为："这样的朋友不要也罢。"其实这样对你又有什么好处？而坏处却很快可以看到，因为和别人结上怨仇，你就少了一位倾吐心事的人。

这种现象我们应该尽一切可能去避免。圆融为人就要求我们能允许不同意见的存在。不仅在一些思想观念上我们要求同存异，就是在具体的办事过程中我们也要根据求同存异的原则，这样才能有更多的思路把事情办好，同时加深彼此之间的感情。

第五篇

方圆通融，做人要变通

个性灵活

　　现代社会是一个激烈竞争的社会，竞争各方为了跻身竞争前列，无不使出浑身解数，不断推出新思想、新办法、新技术、新产品。激烈的角逐和竞争，使社会变化迅速异常。现代社会变化的速度，是历史上任何一个时代都无法比拟的。生活于这样一个变化多端的社会，需要人们具有最灵活、最敏捷的应变能力，审时度势，纵观全局，于千头万绪之中找出关键所在，权衡利弊，及时做出可行、有效的决断。从某种意义上可以这样说，在现代社会中，这种素质已经成为一种新的生存能力。谁能最及时地正确洞察社会变化，并能最迅速地做出反应，谁就将走在前头。而头脑封闭、

反应迟钝、因循守旧、故步自封的人，会一再地坐失良机。不能深察明辨、盲目轻率地追随潮流的人，也会"差之毫厘，谬以千里"，造成决策的失误。这就要求我们学会变通为人，做到方圆通融。

20世纪80年代中期，有一部题为《让这个世界停下来吧——我要离它而去》的音乐喜剧片轰动了伦敦和纽约，反映了一部分西方社会的人对节奏加快的生活的反感。托夫勒说，他们是"情愿和这个世界脱离，也要按自己惯有的速度闲混下去"。在变化面前无法入门的人，自己也难以享受新生活带来的乐趣。老年人害怕变化，希望按照自己熟悉的生活方式安度晚年，这没有什么奇怪。害怕变化，这是心理衰老的一种标志。但是，青年人却应当欢迎变化，不应当对变化采取漠视甚至固执的态度，因为那将有使自己的心理发生衰老的危险。

个性的灵活主要表现在为人处世的适应与变通上。大致可以归为三个不苛求。

1. 不苛求环境

现代社会的发展为社会成员的自由流动提供了日益充分的物质条件，人们对环境的选择要求日益强烈。然而，即使是高度现代化的社会，人对环境的选择却总是有一定限度的。在我们这个正在从事现代化建设的国家，由于历史的原因，更由于生产力水平的限制，在一个不短的时期内，环境与人的交互作用的主导面，恐怕还是通过人对环境的适应来改变环境，而不是通过新的选择来调换环境。

善于适应环境表现了人的个性灵活，它具有多方面好处：

（1）能协调自己与环境的关系；

（2）能优化自己的心境与情绪；

（3）能调动自己内在的积极性；

（4）能为进一步发展准备条件。

所以，适应有积极与消极、主动与被动之分。我们提倡积极的、主动的适应环境，而不是消极的、被动的顺应环境。因此，适应环境与改造环境又是一个事物不可分割的两个方面。

2.不苛求他人

与适应环境同步存在的问题是人也不应苛求他人。就是要承认别人能同自己一样选择、保护、发展他们的个性、习惯、兴趣和观念等。这是不苛求他人的第一个要求，也是灵活性格的重要表现。

现代心理学认为男性的女性性格化、女性的男性性格化，具有适应环境、适应他人的更大灵活性，因而在现代社会中也就能获得更大的生活自由度。

在人际交往中，和谐融洽是人人希望的，但是矛盾、隔阂常要光顾我们的生活，于是，对不苛求他人的灵活性格，又提出了宽容待人的要求。尊重别人的个性、习惯等，是一种宽容；当别人对自己表现出进攻的姿态时，能做到合理的谅解、忍让，则是更大的宽容。当然，宽容并不是不讲原则，更不是寄人篱下，而是以退为进，能宽容别人，在人际交往中保持性格的灵活性，是有益的交往态度。

3. 不苛求自己

不苛求自己，首先要做到情感上的超脱。生活中有快乐、幸福，也有痛苦和不幸，生活是痛并快乐着的。当面对挫折和失败的时候，不要被低落的自责情绪左右，要理性地去分析使自己陷入困境的各种原因并积极寻找走出困境的方法，相信失败是成就事业必不可少的磨炼，乐观圆融地去看待人生的苦与痛，这样才能超脱一味的情感折磨，理性地去筹划你的生活，克服挫折，迈向人生的新境界。

其次，不苛求自己还要做到在不同的环境之下善于调整自己的人生目标，给自己一个适合的人生定位，不做自己难以企及的事，脚踏实地，从客观情况出发，制定人生奋斗目标。切记，只有适合自己的目标才能激发你去不断奋斗。

在现代社会，如果单单向前人讨教怎样生活、怎样做人已经远远不够了，更需要自己在社会生活中去探索、去体会、去总结。对于生活和做人的道理，前人确实探索过、研究过，留下了极其丰富的著述，充满了哲理和心得。但是倘若你以为凭了前人的经验之谈，就可以顺顺当当地走完自己的人生之路，那就可能要大吃苦头。在多变的社会里，真正的危险不在于生活经验的缺乏，而在于认识不到做人要保持灵活的个性，去积极适应环境，变通为人，这样才能在生活节奏日益加快的现代生活中与生活共舞，越舞越精彩。

舍小利为大谋

古时有一老翁，姓塞。由于不小心丢了一匹马，邻居们认为是件坏事，替他惋惜。塞翁却说："你们怎么知道这不是件好事呢？"众人听了之后大笑；认为塞翁丢马后急疯了。几天以后，塞翁丢的马又自己跑了回来，而且还带来一群马。邻居们看了，都十分羡慕，纷纷前来祝贺这件从天而降的大好事。塞翁却板着脸说："你们怎么知道这不是件坏事呢？"大伙听了，哈哈大笑，都认为老翁是被好事乐疯了，连好事坏事都分不出来。果然不出所料，过了几天，塞翁的儿子骑新来的马玩，一不小心把腿摔断了。众人都劝塞翁不要太难过，塞翁却笑着说："你们怎么知道这不是件好事呢？"邻居们都糊涂了，不知塞翁是什么意思。事过不久，发生战争，所有身体好的年轻人都被拉去当了兵，派到最危险的第一线去打仗。而塞翁的儿子因为腿摔断了未被征用，他在家乡大后方安全幸福的生活。

这就是老子的《道德经》所宣扬的一种辩证思想。基于这种辩证关系，我们可以明白，即使是看起来很坏的事情，也会带来意想不到的好处。生活中此类事常见，为人变通的人一定要懂得该忍就忍，有时看似失利的事反而是获得更大利益的前提和资本。

美国亨利食品加工工业公司总经理亨利·霍金士先生突然从化验室的报告单上发现，他们生产食品的配方中，起保险作用的添加剂有毒，虽然毒性不大，但长期服用对身体有害。如果不用添加剂，则又会影响食品的保鲜度。

亨利·霍金士考虑了一下，他认为应以诚对待顾客，毅然把这一有损销量的事情告诉每位顾客，于是他当即向社会宣布，防腐剂有毒，对身体有害。

这一下，霍金士面对了很大的压力，食品销路锐减不说，所有从事食品加工的老板都联合了起来，用一切手段向他反扑，指责他别有用心，打击别人，抬高自己，他们一起抵制亨利公司的产品。亨利公司一下子跌到了濒临倒闭的边缘。

苦苦挣扎了4年之后，亨利·霍金士已经倾家荡产，但他的名声却家喻户晓。这时候，政府站出来支持霍金士了。亨利公司的产品又成了人们放心满意的热门货。

亨利公司在很短时间里便恢复了元气，规模扩大了两倍。亨利·霍金士一举登上了美国食品加工业的头把椅子。

生活中变通思考的人，善于从丧失小利益当中学到智慧。舍小利为大谋也是一种哲学的思路。

　　人非圣贤，谁都无法抛开七情六欲，但是，要成就大业，就得分清轻重缓急，该舍的就得忍痛割爱，该忍的就得从长计议。我国历史上刘邦与项羽在称雄争霸、建立功业上，就表现出了不同的态度，最终也得到了不同的结果。苏东坡在评判楚汉之争时就说，项羽之所以会败，就因为他不能忍，不愿意舍弃小利益白白浪费自己百战百胜的勇猛；汉高祖刘邦之所以能胜就在于他能忍，懂得舍小利为大谋的道理，养精蓄锐，等待时机，直攻项羽弊端，最后夺取胜利。

　　在生活中我们只有经常去舍弃一些小利益，一切从长计议，才能不被一些小利益迷惑，灵活变通地处理人和事，最终达成我们的目标。

以退为进

　　从处理事物的步骤来看，退却是进攻的第一步。现实中常会见到这样的事，双方争斗，各不相让。最后小事变为大事，大事转为祸事，这样往往导致问题不能解决，反而落得个两败俱伤的结果。其实，如果采取较为温和的处理方法。先退一步，使自己处于比较有利有理的地位。待时机成熟，便可以退为进，成功达到自己的目的了。

何为退呢？即当形势对我军不利时，如果全力攻击，也可能不奏效时，就应采取退却的方法。军事家指出学会退却的统帅是最优秀的统帅，战而不利，不如早退，退是为了更好的胜利。

李渊任太原留守时，突厥兵时常来犯，突厥兵能征惯战，李渊与之交战，败多胜少，于是视突厥为不共戴天之敌。

部属都以为李渊这次会与突厥决一死战，可李渊却是另有打算，他早就欲起兵反隋，可太原虽是军事重镇，却不足为号令天下之地，而又不能离了这个根据地。那如果离太原西进，则不免将一个孤城留给突厥。经过这番思考，李渊竟派刘文静为使臣，向突厥称臣，书中写道："欲大举义兵，远迎圣上，复与贵国和亲，如文帝时故例。大汗肯发兵相应，助我南行，幸而侵暴百姓，若但俗和亲，坐受金帛，亦惟大汗是命。"

唯利是图的始毕可汗不仅接受了李渊的妥协，还为李渊送去了不少马匹及士兵，增强了李渊的战斗力。而李渊只留下了第三子李元吉固守太原，由于没有受到突厥的侵袭，李渊得以不断从太原得到给养。终于战胜了隋炀帝杨广，建立了大唐王朝。而唐朝兴盛之后，突厥不得不向唐朝乞和称臣。

唐高祖李渊以退为进，为自己雄心大志赢得了时间。如果不能忍那一时，李渊外不能敌突厥之犯，内不能脱失守行宫之责，其境险矣，忍一时而成了大谋。

从军事进攻的谋略来看，退却可避免失败。三国时期曹爽带

兵攻战兴久而不下，而急忙回兵，避免了蜀兵的伏击。

　　从人生的态度来看，退却有时也是一种进攻的策略。现代社会中，以退为进表现自我也不失为一种良好的方法。

　　有一位计算机博士，毕业后找工作，结果好多家公司都不录用他，于是他不用学位证明去求职。很快他就被一家公司录用为程序输入员。不久，老板发现他能看出程序中的错误，非一般的程序输入员可比，这时，他亮出了学士证。过一段时间，老板发现他远比一般的大学生要高明，这时，他亮出了硕士证。再过了一段时间，老板觉得他还是与别人不一样，就对他"质问"，此时他才拿出了博士证。于是老板毫不犹豫地重用了他。

　　可见，以退为进，由低到高，这是一种稳妥的进攻之术。

　　石桥正二郎是日本著名的大企业家，在他所写的《随想集》中，记述了这样一件事。二次大战后，位于京桥的石桥总公司的废墟中，有十多家违章建筑。因此律师顾问提出，若不及早下令禁止的话，后果将不堪设想。但在当时的情景下，如果硬性要求那些违章户立即搬走，必招致他们坚决的拒绝。石桥公司没有出此下策，石桥夫人还来到现场和那些违章户谈话。对他们说："你们的遭遇实在值得同情，那么，你们就暂住在这里，先多赚点儿钱，等公司要改建大厦时，再搬到别的地方去吧。"她这样专程地去拜访那些违章户，并且赠送慰劳品，如此体贴别人的难处，使那些居住在石桥总公司内的人，心里十分感动。因此，当石桥大厦真的开工时，这些人不仅不抱怨，而且还心怀感激地迁到别的地方去住了。

以退为进收到的效果有时候能获得极佳的效果。1812 年 6 月，拿破仑亲自率领 60 万步兵、骑兵和炮兵组成的合成部队，向俄国发动进攻。俄国用于前线作战的部队仅 21 万，处于明显劣势。俄军元帅库图佐夫根据敌强己弱的局势，采取后发制人的策略，实行战略退却，避免过早地与敌军决战。在俄军东撤的过程中，库图佐夫指挥部队采取坚壁清野、袭击骚扰等种种方法，打击迟滞法军，削弱法军的进攻气势。9 月 5 日，俄军利用博罗季诺地区的有利地形。给予敌军大量杀伤。接着，又将莫斯科的军民撤出，让一座空城给法军。10 月中旬，法军在莫斯科受到严寒和饥饿的巨大威胁，不得不撤退。此时，库图佐夫抓住战机，予以反击，将法军打得大败。几十万法军，幸存者只有 3 万人。

有时候表面的退让只是一种应世的策略，为了追求更高的目标做出一些退让是作为善于变通之人的成熟表现。

善于趋福避祸

善于断然退避，是一个人心怀博大、大智若愚的谋略的具体体现。一个人，尤其是一个领导者、管理者，在客观条件不允许继续前进，或再前进时就危及自身的情况下，应当自觉地、主动地断然退避。

这是保存自己的一个很重要的谋略思想。而要做到这一点，就必须具备较高的修养，善于克制、约束自己；而缺乏一定修养的人，是不可能做到这一点的。历史和现实都一再表明，善于退与善于进，具有同等的谋略价值，只善于进而不善于退的人，决非高明之人，而只有把两者有机地结合在一起并加以机动灵活运用的人，才称得上高明。

隐避不是消极地避凶就吉，而是暂时收敛锋芒，隐匿踪迹，养精蓄锐，待机而动。就是说退是迫不得已的，即使退也要做到主动、自觉不露声色地壮大实力，以便时机成熟时，奋起继进。可见，这种退不是逃跑，而是进的一个环节，是下一步进的准备和前奏。只有这样的退，才称得上谋略。懂得变通的人善于趋福避祸。

明朝年间，在江苏常州地方，有一位姓尤的老翁开了个当铺，

有好多年了，生意一直不错，某年年关将近，有一天尤翁忽然听见铺堂上人声嘈杂，走出来一看，原来是站柜台的伙计同一个邻居吵了起来。伙计连忙上前对尤翁说："这人前些时典当了些东西，今天空手来取典当之物，不给就破口大骂，一点儿道理都不讲。"那人见了尤翁，仍然骂骂咧咧，不认情面。尤翁却笑脸相迎，好言好语地对他说："我晓得你的意思，不过是为了过年关。街坊邻居，区区小事，还用得着争吵吗？"于是叫伙计找出他典当的东西，共有四五件。尤翁指着棉袄说："这是过冬不可少的衣服。"又指着长袍说："这件给你拜年用。其他东西现在不急用，不如暂放这里，棉袄、长袍先拿回去穿吧！"

　　邻居拿了两件衣服，一声不响地走了。当天夜里，他竟突然死在另一人家里。为此，死者的亲属同这个人打了一年多官司，害得别人花了不少冤枉钱。

这个邻人欠了人家很多债，无法偿还，走投无路，事先已经服毒，知道尤家殷实，想用死来敲诈一笔钱财，结果只得了两件衣服。他只好到另一家去扯皮，那家人不肯相让，结果就死在那里了。

后来有人问尤翁说："你怎么能有先见之明，向这种人低头呢？"尤翁回答说："凡是蛮横无理来挑衅的人，他一定是有所恃而来的。如果在小事上争强斗胜，那么灾祸就可能接踵而至。"人们听了这一席话，无不佩服尤翁的聪明。

这就是善于趋福避祸之利。有时为了趋福避祸做适当的忍让是必要的。

当然，讲究趋福避祸之道并不是说一看前方有危险，便急忙后退，一退再退，以致放弃原来的目标、路线，改变方向、道路（而这个方向、道路与原来坚持的方向、道路已有本质的区别），那就是知难而退了，就不具有什么谋略价值，而是逃跑主义了。所以，在趋福避祸的问题上也要分清勇敢与怯懦、高明和愚笨。

让一步，收获更大

一天，一户人家来了远方造访的客人，父亲让儿子上街去购买酒菜，准备请客，没想到儿子出门许久都没回来，父亲等得不耐烦了，于是自己上街去看个究竟。

父亲快到街上的便桥时，发现儿子在桥头和另一个人正面对面地僵持站在那儿，父亲上前询问："你怎么买了酒菜不马上回家呢？"

儿子回答说："老爸你来得正好，我从桥这边过去，这个人坚持不让我过去，我现在也不让他过来，所以我们两个人就对上了。看看究竟谁让谁？"

父亲听了儿子的一席话，就上前声援道："孩子，好样的，你先把酒菜拿回去给客人享用，这儿让爸爸来跟他对一对，看看究竟谁让谁？"

在社会上，无论说话也好，做事也好，好多人不肯给别人一点儿余地，不愿给别人一点儿空间的，到处有这对父子的影子，往往只为了"争一口气"，本来没有什么大不了的琐事，非要大费周章，坚持己见互不让步，结果小事变大事，甚至搞得两败俱伤，真是何苦？

人在世间若是不能忍受一点儿闲气，不肯给人方便，让人一步，往往使自己到处碰壁，到处遭逢阻碍，不肯给人方便，结果自己到处不方便。

如果一个人平常为人在语言上让人一句，在事情上留有余地，肯让人一步，也许收获就能更大。

让人，多发生于竞争情境，由于让人行为出现而使矛盾化解，争斗平息，对手变手足，仇人变兄弟，因此，让人是避免争斗的极好方法，对个体也具有一定价值。它具体表现在：

1. 得理不让人，让对方走投无路，有可能激起对方的"求生"意志，而既然是"求生"，就有可能是"不择手段"，这对你自己将造成伤害，好比把老鼠关在房间内，不让其逃出，老鼠为了求生，会咬坏你家中的器物。放它一条生路，它"逃命"要紧，便不会对你的利益造成破坏。

2. 对方"无理"，自知理亏，你在"理"字已明之下，放他一条生路，他会心存感激，来日自当图报。就算不会如此，也不太可能再度与你为敌。这就是人性。

3. 得理不让人，伤了对方，有时也连带伤了他的家人，甚至毁了对方，这有失厚道。得理让人，也是一种积蓄。

4. 人海茫茫，却常"后会有期"。你今天得理不让人，哪知他日你们二人不会狭路相逢？若届时他势旺你势弱，你就有可能吃亏！"得理让人"，这也是为自己以后做人留条后路。

做人圆融会变通就要学会"让"的艺术，让人一步有时能获得让你意想不到的好效果。

第六篇

圆润为人，须通晓人情世故

为人低调好处多

　　准备了一个月的计划书终于可以呈报老板了，在会议上各部门主管都一致赞许你的真知灼见，老板更是赞赏有加，喜上眉梢。这时的你必然是春风得意，难禁喜悦之色，大有世界都属于你的感觉，但在你兴奋忘形之际，也许正是你自埋炸弹之时。

　　有些人是自私的，你呼风唤雨，一定惹来这些人的妒忌。表面上，他们或许阿谀奉承，甚至扮作你的知己和倾慕者，私底下却恨你入骨也说不定。为了避免遭人放暗箭，请收敛你的得意之态，谦虚一点儿吧。

　　也许有人会锦上添花地向你说："看来，老板就只信任你一个！""唔，经理这个位置：非你莫属了！""嘿，他日成了一人之下万人之上，千万别忘记我啊！""你的聪明才智，公司里没人可及哩！"

切莫被美丽的谎言冲昏头脑，聪明的人必须是理智的，告诉他们："不要乱开玩笑啊，公司有太多人才呢。""我的意见只是一时的灵感，没啥特别呀！""我还有更多的东西要学。"

真正的强人，应明白"居安思危"的道理！

老板对你的计划书大为赞赏，公开表示你的才干值得重视。还有，刚好成功地完成了一项任务，使公司赚了钱，各部门主管对你另眼相看，有点儿飘飘然了吧？

这实在太危险了！

记着，叫别人妒忌你，是十分失败的事，何况无端树敌，不是强人典范。但是，如何才能避过这些办公室里的敌意呢？

首先，请切记别乐昏了头脑，要处处表现得虚心、容易满足。总之，就是采取低调姿态。即使当你像坐直升机一样，势力一天比一天大时，请仍然保持与旧同事的关系，抽时间与他们在一起。谈话时更不能自己翻那些成功史，即使别人阿谀一番，也当他是耳边风好了，或者索性说："那绝非我的功劳，老板对我也是太好了。"

处处表现虚心，不要颐指气使。同事一旦对你有了偏见（由妒忌演变而来），他日做起事来，障碍肯定更多，对你当然不是好事了。

为了达到某些目的，不少人勤于制造高帽，往"目标物"头上送。你的职权日大，成为"目标物"，乃是自然事。私下里，你开心之余，又觉得很不自然，但不知该如何处理。这时候你应该保持低调的姿态。保持低调的姿态首先可以让你保持清醒的头脑，这样才能对事情做出正确的判断，不至于被得意冲昏了头脑；其次低调的姿态是获取他人好感的必要表现，大多数人欣赏的是低调为人的人，而不是沾沾自喜的人；再次低调为人可以避免小人的妒忌之心，避免不必要的闲言碎语，以免给自己带来不必要的内心烦恼；低调为人，不自得方能给自己立下更大的奋斗目标，才能保持拼搏的劲头。因此圆润为人，少不得低调为人。

自我解嘲保面子

古希腊伟大哲学家苏格拉底的妻子是一位脾气暴躁的女人。有一天，哲学家正和他的学生谈论学术问题，他的妻子突然跑了进来，不由分说地骂了一通，接着又提起装满水的水桶猛泼过来，把苏格拉底全身都弄湿了。

学生以为老师一定会大怒，然而出乎意料，他只是笑了笑，风趣地说道："我知道打雷之后，一定会下雨的。"大家听了，不禁哈哈大笑，他的妻子也惭愧地退了出去。

幽默是化解矛盾的润滑剂。帮助别人选择笑，学着停下来看看滑稽的人生百态，即是生气的最佳解药。

美国幽默作家霍尔摩斯有次出席一场会议，席间他是身材最

为矮小的人。"霍尔摩斯先生，"一位朋友脱口而出，"你站在我们中间，是否有'鸡立鹤群'的感觉？"霍尔摩斯反驳了他一句："我觉得我像一堆便士里的铸币。铸币面值10便士，但比便士体积小。"

当别人对你稍有不恭时，如果不是大发雷霆就是极力辩解，这样做是不明智的。自我解嘲不仅能赢得他人的尊重，反而会让人觉得你容易相处。采取态度将使你与他人的合作更加愉快。

当年里根总统执政的时候，有一次在白宫举行钢琴演奏会招待来宾。正当里根在麦克风前致辞时，夫人南希一不小心连人带椅子由舞台上跌到台下，全场来宾都站起来惊呼。还好地上铺了厚厚的地毯，南希立刻很灵活地爬了起来，又重新回到舞台上去。观众以很热烈的掌声为她打气。

中断了演讲的里根，确定了夫人没有受伤之后，清了清喉咙说："亲爱的，我不是告诉过你，只有在观众不给我掌声的时候，你才可以做这种表演吗？"

有一次加拿大总统特鲁多，邀请美国总统里根到加拿大访问。正当里根在多伦多的一处广场上演讲时，远处有一群示威民众，不时高呼反美口号，打断了里根的演说。

这种场面让特鲁多总统十分尴尬，面对远来的客人，他不知如何是好，只好频频向里根道歉。没想到里根总统却说："这种情况在美国是屡见不鲜的，这一群人一定是从美国白宫前面来到这里的，他们是想让我觉得来到这里就像是在家里一样。"

一句自我幽默的话很快就化解了特鲁多总统满脸的尴尬。

有一位歌唱演员，初次演出就被观众赶下了舞台。别人关心地问他演出效果如何，他说，"我很高兴，因为我初登舞台，观众就送给了我一幢房子。"听者耸耸肩说："我可不信。""真的，是给了。当然，每人只给了一块砖头。"依靠幽默，这位歌唱演员成功地战胜了自卑，恢复了自尊，日后终于一举成名。

在一个愚人节中，马克·吐温被人愚弄，纽约一家报纸报道说他死了。马克·吐温的亲友们信以为真，从各地赶来吊丧。当他们见到这位"死"去的作家正在写作时，异口同声地谴责那家造谣的报纸。马克·吐温却毫无怒色，他幽默地说："报纸报道我死是千真万确的，只不过把日期提前了些。"

林语堂说过："智慧的价值，就是教人笑自己。"在现实生活中，拿自己的错误开开玩笑，使人开怀大笑，你便已铺下了友谊之路。具有自我解嘲色彩的欢笑是你与别人进行内心沟通的最短的道路。善于自我解嘲不仅能让你在尴尬的境地中超然走出来，也能让他人了解你的智慧和善意，这样不仅不失面子，还能更好地与他人沟通交流。

得意不可忘形

在与成功人士的交往过程中，卡耐基领悟到，成功者即使在功成名就时也时刻保持清醒的头脑，居安思危，他知道，轻敌得意忘形的结果只会给自己带来麻烦。

在当今世界彩色胶片市场上，只有两个对手的争雄：美国的柯达和日本的富士。

20世纪70年代，柯达垄断了彩色胶片市场的90%。但是，1984年，富士公司取得"第23届奥运会专用"的特权后扶摇直上，直逼柯达的霸主地位。

为什么会这样呢？第23届奥运会在美国召开的，为什么在天时、地利、人和的情况下，柯达反而打了败仗呢？

主要原因在于柯达的骄傲轻敌。它被排出奥运会赞助单位名单之外，是一个严重的战略性错误，正是这一原因，富士公司才有了一个发展的大好机会。

　　奥运会前夕，柯达公司的营业部主任、广告部主任等高级管理人员十分自信地认为，按照柯达的信誉，奥运会要选择大会指定胶卷，非他莫属。因此，他们认为再花400万美元在奥运会做广告不值得。当美国奥委会来联系时，柯达公司的官员们盛气凌人，爱理不理地还要求组委会降低赞助费。这时，富士公司却乘虚而入，出价700万美元，争到了奥运会指定彩色胶片的专用权。

　　此后，富士公司竭尽全力地展开奥运攻势，在奥运场地周围树立起铺天盖地的富士标志，胶卷也都换上了"奥运专用"字样的新包装，各比赛场馆设满了富士的服务中心，一天可冲洗1300卷的设备和人力安排停当，承办放大剪辑业务的网点处处可见，富士摄影频频展出……"要参加奥运会的运动员、观众能在奥运会上时时、处处看到'富士'"——这就是富士公司的广告宣传

策略。

富士的强大宣传攻势，给柯达带来了巨大的冲击，随之，柯达销量明显减少。这下柯达公司才着急了，在十万火急的情况下召开了董事会研究对策。广告部主管立即被撤职，亡羊补牢的紧急措施一条又一条地下来：拨款1000万美元作为广告费，挽回广告战败局。于是，在各地公路出现了柯达的巨幅广告牌；聘请世界级运动员大做广告；主动资助美国奥运会和运动员；赠给300名美国运动员每人一架特制柯达照相机。这些措施虽然起到了一点儿作用，但对于失去奥运会的独家赞助权来说，它已为时过晚、收效甚微了。

对于企业的发展来说忌讳得意忘形，一招不慎带来的可能是巨大的损失。对于个人来说，也要做到得意不可忘形。

宋太宗与两个重臣一起喝酒，边喝边聊，俩重臣喝醉了，竟在皇帝面前相互比起功劳来。他们越比越来劲，干脆斗起嘴来，完全忘了在皇帝面前应有的君臣礼节，侍卫在旁看着实在不像话，便奏请宋太宗，要将这两人抓起来送吏部治罪。宋太宗没有同意，只是草草撤了酒宴，派人分别把他俩送回了家。次日上午，他俩都从沉醉中醒来，想起昨天的事，惶恐万分，连忙进宫来请罪。宋太宗看着他们战战兢兢的样子，便轻描淡写地说："朕昨天也喝醉了，记不起这件事了。"既不处罚，也不表态，以一句"朕昨天也喝醉了"打发他们。

宋太宗这样处理不失为明智之举，是作为一国之君对臣子的仁厚，但是试想一下如果君主有意治罪臣子的话，那么这两位大臣因为他们的得意忘形轻则被降职，重则丧命都是有可能的，因此圆润为人，通晓人情世故必须做到得意而不可忘形。

捧人要合宜

在这个社会上，会捧人的人，肯定比较吃香，办事顺利也顺理成章了。当一个人听到别人捧他时，心中总是非常高兴，脸上堆满笑容，口里连说："哪里，我没那么好。""你真会讲话！"即使对方明知你有意捧他，却还是没法抹去心中的那份喜悦。

爱听别人吹捧是人的天性，虚荣心是人性的弱点。当你听到对方的吹捧和赞扬时，心中会产生一种莫大的优越感和满足感，自然也就会高高兴兴地听从对方的建议。要想在办事时求人顺利，就要澄清自我的主观意识，尽快地养成随时都能捧别人的习惯。俗话说，"习惯是人的第二天性""习惯成自然""习惯成性"，当捧别人已经变成你的习惯时，你的办事能力就会相应提高。当然捧别人一定要合宜。

太明显地吹捧他人，往往会引起他人的反感和猜忌，让他对你有所防备，结果适得其反。如何不露痕迹地把别人哄得舒舒服服的呢？

有一位富翁，年纪大了，自己知道将不久于人世。

他回顾一生，想想有什么未了的事，忽然想到在保险柜里，还有很多亲戚朋友的借据。这些钱已经借出多年，那些亲友依然贫困，他们既没有能力还钱，也不可能还钱了。

为了避免日后子孙的困扰，富翁决定在临终前，自己处理这批债务。

他约集了所有欠债的亲友，自己倚在床边的靠背上，床前摆着取暖的炭炉，炉火烧得正旺。

富翁手拿大叠借据，对欠债的亲友说："我自知时日不多，也知道你们欠我的钱没有能力偿还，为了避免后代困扰，今天你们只要真心说一句感激的话，我就把借据当面烧掉，从此就不相欠了。"

从欠债最少的开始，第一个人说："来世我愿做您的仆人，为您洒扫庭院。"

富翁将那个人的借据在炭炉里烧了。

接着有人说："来世我将变鸡狗，为您司晨守夜。"

富翁微笑着将那人的借据烧了。

还有人说："来世我将做牛做马，为您耕田拉车。"

富翁含笑，把一张借据烧了。

又有人说："来世我愿做您的儿孙，永远孝您顺您。"

富翁开怀大笑，烧了借据。

他们一一说出内心感激的话，富翁也感到满意，到了最后，只剩下一个欠债最多的人，他诚惶诚恐地上前说：

"来世，我一定要做您的爸爸。"

富翁听了非常生气，反问他说："你为什么不感谢我，反而过来骂我呢？"

"老爷，您有所不知，这世间一切的债都有还清之日，只有儿女的债是永远还不清的呀！"

富翁笑了，烧掉最后一张借据，在床上安然而逝了。

这个欠债最多的人真是会捧人，借此解除了自己的债务危机。合宜捧人，真是受益匪浅。

我们知道乾隆很喜爱文史，对文史的整理工作很重视，他想给后世留下经典著作。和珅的学问不大，但对"四书"读的滚瓜烂熟，因为乾隆喜爱"四书"，不时提一些"四书"的问题，不管是坐在銮舆内，还是散步时，乾隆随时都会提问，而和珅总是脱口而出，并有独到见解，于是乾隆认为和珅很有学问，和珅靠这种本事在担任了户部侍郎、军机大臣、内务府大臣、步军统领、崇文门税务监督之后，又被升为户部尚书，议政大臣，最后还充任了四库全书馆正总裁，兼藩院尚书事。这样一来，和珅就成了最有"学问"的大臣了。

刊印二十四史时，乾隆非常重视，常常亲自校核，每校出一件差错来，觉得是做了一件了不起的事，心中很是痛快。

和珅和其他大臣，为了迎合乾隆的这种心理，就在抄写给乾隆看的书稿中，故意于明显的地方抄错几个字，以便让乾隆校正。这是一个奇妙的方法，这样做显示出乾隆学问深，比当面奉承他学问深能收到更好的效果。皇帝改定的书稿，别人就不能再动了，但乾隆也有改不到的地方，于是，这些错谬就传了下来，今天见到的殿版书中常有讹处，有不少是这样形成的。

和珅此人工于心计，头脑机敏，善于捕捉乾隆的心理，总是选取恰当的方式，博取乾隆的欢心。他还对乾隆的性情喜好、生活习惯进行细心观察，深入研究。对脾气、爱憎等了如指掌。往往是乾隆想要什么，不等乾隆开口，他就想到了，有些乾隆未必考虑到的，他也安排得很好，因此他很得乾隆的宠爱，可见用好"捧"，其中奥妙无穷。

善捧之人还要找对捧的对家，才能达到事倍功半的效果。

杜月笙在上海滩崭露头角，是靠黄金荣老婆的荐举，一个人无论有多大的才能，如果没有"伯乐"也只得自认倒霉。杜月笙头脑机灵，办事老练，苦于没有出人头地的地方。后来他投靠黄金荣，在黄府做了一名打杂的仆役，混在佣人之中，生活倒也安稳。杜月笙一心要飞黄腾达，不甘为人下。因此，他"眼观六路、耳听八方"，处处谨慎，把分配给自己的活做得又快又好，但他地位太低，还拍不上黄金荣的马屁。好在他常与黄金荣的贴身奴仆常常接触，靠此机会，百般讨好，黄公馆上上下下对他都有好感。终于，有一天机会来了。

有一次，黄金荣的老婆林桂生得病，经久不好，求神拜佛，占卦问卜，提出要年轻力壮的小伙子看护，据说可以取其阳气，以镇妖邪，杜月笙是被选中的一个。

这个时候，黄金荣正宠爱林桂生，杜月笙善于察言观色，又善于动脑筋，马上想到这林桂生的枕头风不亚于台风中心，威力宏大，拍不上黄金荣的马屁，拍林桂生的马屁更有效，何况，异性相吸，这马屁又容易拍些。

于是，杜月笙"衣不解带，食不甘味"，十二分尽力侍候林桂生，别人照顾，无非是随叫随到或陪坐一旁，杜月笙则全神贯注，殷勤备至，不但照顾周到，而且能使林桂生摆脱烦恼，心情欢快，林桂生往往尚未开口，他已知道林桂生要什么东西，林桂生想到的，他想到了，有些林桂生没有想到的，他也想到了，把林桂生服侍得心花怒放，引他为贴己心腹，连背着黄金荣在外面用"私房钱"放债等事也交给他经管。

在林桂生枕头风的吹动下，黄金荣终于将当时法租界的三大赌场之一——公兴俱乐部交给杜月笙经管。

当然，刻意的曲意逢迎、趋炎附势地去溜须拍马是不可取的，但圆润为人，合宜捧人，得来的实惠不可估量。

在前在后有分寸

人在一个集体中不可强出风头，孚众望、得人心，是日积月累的结果，你在言谈举止之间，别人——尤其是你的朋友、同事——都在那儿观察你，品评你。你有成就，你肯努力，你待人宽厚，别人自会欣赏，用不着强求注意。强出风头，往往引起别人的反感。圆润为人要把握好前与后的艺术与分寸。

"出头的橼子先烂""木秀于林，风必摧之""直木先伐，甘井先竭"……这类古训俗语常用来告诫人，要警惕环境险恶，人心叵测，要韬光养晦，不露锋芒，不动声色。因为，风头出尽的人容易遭人妒忌，容易首先受到攻击。做人持中，做事持中，这是中国人处世的哲学。中国人为人处世讲究在前在后的分寸，现实中，确有那么一些人，虽说其能力、才学的确有过人之处，可正因为他们比别人在工作中所起的作用大一些，便总以为一切高、精、难的工作必须自己插手才会马到成功，轻视他人的才华，认为他人纯属"跑龙套"的配角，俨然离了他地球就会不转。这样难怪"枪手们"总忍不住先打这样的"出头鸟"。在我们这个有着几千年封建史的国度里，不知历史上有多少人因才华出众而遭受诘难，甚至丢掉了性命。在这里我们并不是否定那些勇往直前、万事当先的人，只是强调前与后是有分寸的。

那么，在工作中，在与同事交往的过程中，应该怎样把握不前不后的分寸呢？

首先，必须认清自己在工作中的位置和在单位中的角色。属于自己工作职责范围内的事情，则责无旁贷，必须尽心尽力去完成，做到在其位谋其职。自己工作以外的事情，则以"多一事不如少一事"为原则，不该涉及的尽量不去涉及，尤其不要以"内行人""明白人"或者其他居高临下的姿态去对待同事、领导。即使人家请你去帮忙，也应以谦逊的态度待人。

其次，在名誉、利益面前，不要表现得过于热衷。即使有所追求，也应该在表面上含而不露，应该通过为人与处世的技巧去赢得同事和领导的认同。以避免成为众人妒忌、排挤的对象。要知道，很多事情的成功，正如在沙场上作战一样，迂回包抄要比正面直接进攻有效得多。

不前不后是欲望控制的结果，是理智的化身。它要求你在工作办事过程中沉着、稳定，不以情绪支配言行，不以心理欲望蛊惑。"淡泊明志，宁静致远"，正是这样不前不后处世态度的体现。

　　不前不后是一种处世哲学，更是一种处世技巧，它的根本点就在于明哲保身。这种策略可以保证你在一个群体之中四平八稳步步为营地向前推进。

　　任何事情都是一分为二，不前不后只是说在同事之中，在利益与荣誉面前，不过分张扬自己，不踩着别人的肩膀向上攀登。不前不后是一种过程，但这种处世的态度带来的结果往往是赢得同事和上司的认同，最终在人群中脱颖而出。到那时，其情势将不是"木秀于林，风必摧之"，而是"众星捧月"，"众望所归"。这正是恰当地把握不前不后的分寸，为自己的事业赢得人缘与机缘。

为人切莫太聪明

《伊索寓言》里有一篇是关于鸟、兽和蝙蝠的寓言。

鸟族与兽类宣战，双方各有胜负。蝙蝠总是站在胜利的一方。经过一段时间，鸟族和兽类宣告停战，争取和平，交战双方最终知道了蝙蝠的欺骗行为。双方都把很多罪名加在蝙蝠头上：内奸、叛徒、间谍……

因此，双方一致决定把蝙蝠赶出日光之外。从此以后，蝙蝠总是躲藏在黑暗的地方，只是到了晚上才能独自出来觅食果腹。

这则寓言告诉我们一个道理，为人切莫太聪明，巧诈不如拙诚。真正会圆润为人的人不会让自己的聪明太外露，聪明过了头，反而会招来大麻烦。

三国时期，杨修在曹操手下任主簿，起初曹操很重用他，杨修却不安分起来，起先还是耍耍小聪明，如有一次有人送给曹操一盒酥，曹操吃了一些，就又盖好，并在盖上写了"一合酥"字，大家都弄不懂这是什么意思，杨修见了，就拿起匙子和大家分吃，并说："这分明是说一人一口酥啊，有什么可怀疑的！"

还有一次，建造相府，才造好大门的构架，曹操亲来察看了一下，没说话，只在门上写了一个"活"字就走了。杨修一见，就令工人把门造窄。别人问为什么，他说门中加个"活"字不是"阔"吗，丞相是嫌门太大了。

总之，杨修其人，有个毛病就是不看场合，不分析别人的好恶，只管卖弄自己的小聪明。当然，光是这些也还不会出什么大问题，谁想他后来竟渐渐地搅和到曹操的家事里去了。

在封建时代，统治者为自己选择接班人是一个极为严肃的问题，而那些有希望成接班者的人，也不管是兄弟还是叔侄，简直都红了眼，所以这种斗争往往是最凶残、最激烈的。但是，杨修却偏偏不识时务地挤到这场危险的赌博里去，而且还忘不了时时地卖弄自己的小聪明。

曹操的长子曹丕、三子曹植，都是曹操选择继承人的对象。曹植能诗赋，善应对，很得曹操欢心。曹操想立他为太子。曹丕知道后，就秘密地请歌长（官名）吴质到府中来商议对策，但害怕曹操知道，就把吴质藏在大竹片箱内抬进府来，对外只说抬的是绸缎布匹。这事被杨修察觉，他不加思考，就直接去向曹操报告，于是曹操派人到曹丕府前盘查。曹丕闻知后十分惊慌，赶紧派人报告吴质，并请他快想办法。吴质听后很冷静，让来人转告曹丕说："没关系，明天你只要用大竹片箱装上绸缎布匹抬进府里去就行了。"结果可想而知，曹操因此怀疑是杨修帮助曹植来陷害曹丕，十分气愤，就更讨厌杨修了。

建安二十四年（公元219年），刘备进军定军山，他的大将黄忠杀死了曹操的爱将夏侯渊，曹操亲自率军到汉中来和刘备决战，但战事不利，要前进害怕刘备，要撤退又怕被人耻笑。一天晚上，护军来请示夜间的口令，曹操正在喝鸡汤，就顺便说了："鸡肋。"杨修听到以后，便又耍起自己的小聪明来，居然不等上级命令，只管教随从军士收拾行装，准备撤退。曹操知道以后，他竟说："魏王传下的口令是'鸡肋'，食之无味，弃之可惜，正和我们现在的处境一样，进不能胜，退恐人笑，久驻无益，不如早归，所以才先准备起来，免得临时慌乱。"曹操一听，差点儿气炸，大怒道："匹夫怎敢造谣乱我军心！"于是喝令刀斧手，推出斩首，并把首级悬挂在辕门之外，以为不听军令者戒。

　　虽然曹操事后不久果真退了兵，但平心而论，杨修之死也确实罪有应得。试想两军对垒，是何等重大之事，怎么能根据一句口令，就卖弄自己的小聪明，随便行动呢？无论有没有前面所说的那些芥蒂，单这一点也足以说明杨修其人是恃才傲物，我行我素，只相信自己，不考虑事情后果的。杨修的办事为人，确实值得考虑，我们只应把他作为前车之鉴，切不可把他当成聪明的楷模。

第七篇

方圆处世，讲究刚柔并济

该刚则刚，当柔则柔

刚柔相济是一种交友处世的管理方法，它可使激烈的争论停下来，也可以改善气氛，增进感情。

东汉初年，冯异治理关中甚见成就，有人向刘秀打他的小报告说："异威权至重，百姓归心，号为咸阳王。"刘秀虽然并不相信这一套，但他也没有就此罢休，而是将这份报告转给了冯异。冯大为惊恐，连忙上书申辩，刘秀便抚慰他说："将军之于国家，义为君臣，恩犹父子，何嫌何疑，而有惧意！"这种效果显然比单独施恩或施威要好得多。

下面这个例子是日本著名企业家松下幸之助的故事：

有一次，部下后藤犯下一个大错。松下怒火冲天，一面用挑火棒敲着地板，一面严厉责骂后藤。骂完之后，松下注视着挑火

棒说："你看，我骂得多么激动，居然把挑火棒都扭弯了，你能不能帮我把它弄直？"

这是一句多么绝妙的请求！后藤自然是遵命，三下五去二就把它弄直了，挑火棒恢复了原状。松下说："咦？你的手可真巧呵！"随之，松下脸上立刻绽开了亲切可人的微笑，高高兴兴地赞美着后藤。至此，后藤一肚子的不满情绪，立刻烟消云散了。更令后藤吃惊的是，他一回到家，竟然看到了太太准备了丰盛的酒菜等他。"这是怎么回事？"后藤问。"哦，松下先生刚来过电话说：'你家老公今天回家的时候，心情一定非常恶劣，你最好准备些好吃的让他解解闷吧。'"此后，后藤自然是干劲十足地工作了。

前秦时苻坚357年即位后，任用汉人王猛治理朝政，富国强兵，在近二十年的时间内，先后攻灭前燕、仇池、代、前凉等割据政权，占领了东晋的梁、益两州，把整个黄河流域和长江、汉水上游都纳入了前秦的控制。为了争取支持者，他对各族上层人物极力优容和笼络，如鲜卑族的慕容垂、羌话的姚苌，都毫不见疑地委以重任。对苻坚这一做法，谋臣王猛曾多次劝说苻坚对那些异族重臣有所制约，甚至还不止一次利用机会，设法除掉这些人。但苻坚迷信自己对他们的恩义，阻止他这么做。

在鲜卑贵族慕容垂、慕容泓相继谋反后，苻坚面责仍在自己手中的原前燕国主慕容玮说："卿欲去者，朕当相资。卿之宗族，可谓人面兽心，殆不可以国土期也。"在慕容玮叩头陈谢之后，他又说："《书》云，父子兄弟相及也。……此自三竖之罪，非卿之过。"但是，慕容玮并未为苻坚这一套所感化，在暗中仍企图谋杀苻坚来响应起兵复国的慕容氏鲜卑贵族，后来因谋泄才被苻坚擒杀。苻坚这才后悔不听王猛的忠谏，但这时大局已无法挽回了。

公元214年，刘备夺取四川后，诸葛亮在协助刘备治理四川时，立法"颇尚严峻，人多怨叹者"，当地的官员法正提醒诸葛亮，对于初平定的地区，大乱之后应"缓刑弛禁以慰其望"。诸葛亮认为自己的做法并没有错，他对法正说：四川的情况，与一般不同。自从刘焉、刘璋父子守蜀以来，"有累世之恩，文法羁縻，互相奉承，德政不举，威刑不肃。蜀土人士，专权自恣，君臣之道，渐以陵替"。现在如果用在他们心目中已失去价值的官位来拉拢他们，以他们已经熟视无睹的"恩义"来使他们心怀感激，是不会有实际效果的。所以，只能用严法来使他们知道礼义之恩、加爵之荣，"荣恩并济，上下有节，为治之要"。

曾国藩认为：人不可无刚，无刚则不能自立，不能自立也就不能自强，不能自强也就不能成就一番功业。刚就是使一个人站立起来的东西。刚是一种威仪，一种自信，一种力量，一种不可侵犯的气概。由于有了刚，那些先贤们才能独立不惧，坚韧不拔。刚就是一个人的骨头。人也不可无柔，无柔则不亲和，就会陷入孤立，四面楚歌，自我封闭，拒人于千里之外。柔就是使人站立长久的东西。柔是一种魅力，一种收敛。

大凡刚烈之人，其情绪颇好激动，情绪激动则很容易使人缺乏理智，仅凭一股冲动去做或不做某些事情，这便是刚烈人的优点，同时又恰恰是其致命的弱点。俗语说，"牵牛要牵牛鼻子"，有个成语叫"四两拨千斤"。讲的正是以柔克刚的道理。俗语说："百人百心，百人百姓。"有的人性格内向，有的人性格外向，有的人性格柔和，有的人则性格刚烈，各有特点，又各有利弊。然而纵观历史，我们不难发现，往往刚烈之人容易被柔和之人征服利用。为职者需善于以柔克刚。

　　不过"柔"也要有一定的尺度，当你想施恩于对方，打算做出让步之前，首先考虑你的让步在对方眼里有无价值。别人并不看重的东西，没必要送给他。若开始你就做出许多微小的让步的话，对方也许会不仅不领情，反而加强对你的攻势，因为他知道你做出这些小的让步有企图，而且他们并不看重这些让步。

　　子路向孔子请教什么是刚强，孔子说："你问的是南方人的刚强，北方人的刚强，还是你这样的刚强呢？用宽厚温和的态度教育别人，不报复别人的蛮横无理，这是南方人的刚强，君子属于这一类。顶盔贯甲，枕着戈戟睡觉，在战场上拼杀至死而不悔，这是北方人的刚强。强悍的人属于这一类。所以，君子温和而不随波逐流，这才是刚强啊！君子中立而不偏不倚，这才是刚强啊！国家太平，政治清明时，君子不改变贫困时的操守，这才是刚强啊！国家混乱，政治黑暗时，君子一直到死不改变操守，这才是刚强啊！"

记得给别人留面子

人都爱面子，你给他面子就是给他一份厚礼。有朝一日你求他办事，他自然要"给回面子"，即使他感到为难或感到不是很愿意。这便是操作人情账户的全部精义所在。

有一次卓别林准备扮演古代一位徒步旅行者。正当他要上场时，一位实习生提醒他说："老师，您的草鞋带子松了。"

卓别林回了一声："谢谢你呀。"然后立刻蹲下，系紧了鞋带。

当他走到别人看不到的舞台入口时，却又蹲下，把刚才系紧的带子松开了。显然，他的目的是，以草鞋的带子都已松垮，试图表达一个长途旅行者的疲劳状态。演戏能细腻到这样，确实说明卓别林具有许多影视明星不具有的素质。

当他解松鞋带时，正巧一位记者到后台采访，亲眼看见了这一幕。戏演完后，记者问卓别林："您该当场教那位弟子，他还不懂演戏的技巧。"

卓别林答道："别人的好意必须坦率接受，要教导别人演戏的技能，机会多的是。在今天的场合，最要紧的是要以感谢的心去接受别人的好意，并给以回报。"

美国作者戴尔·卡耐基在他的《人性的弱点》一书中，讲述了他批评他的秘书的技巧：

"数年前，我的侄女约瑟芬，离开她在堪萨城的家到纽约来充任我的秘书。她当时19岁，3年前由中学毕业，她的办事经验稍多一点儿，现在她已经成了一位完全合格的秘书。……当我要使约瑟芬注意一个错误的时候，我常说：'你做错了一件事，但天知道这事并不比我所做的许多错误还坏。你不是生来具有判断能力的，那是由经验而为；你比我在你的岁数时好多了。我自己曾经犯过许多愚鲁不智的错误，我有绝少的意图来批评你和任何人。但是，如果你如此做，你不是更聪明吗？'"

这样，即指出了她的错误又能不伤她的面子，以后她则会更认真细心地工作。

卡耐基说：一句或两句体谅的话，对他人的态度做宽大的了解，这些都可以减少对别人的伤害，保住他的面子。

下面是会计师马歇尔·格兰格写给卡耐基的一封信的内容：

"开除员工并不是很有趣，被开除更是没趣。我们的工作是有季节性的，因此，在3月份，我们必须让许多人走。

"没有人乐于动斧头，这已成了我们这一行业的格言。因此，我们演变成一种习俗，尽可能快地把这件事处理掉，通常是这样说的：'请坐，史密斯先生，这一季已经过去了，我们似乎再也没有更多的工作交给你处理。当然，毕竟你也明白，你只是受雇在最忙的季节里帮忙而已。'等等。

"这些话给他们带来失望以及'受遗弃'的感觉。他们之中大多数一生皆从事会计工作，对于这么快就抛弃他们的公司，当然不会怀有特别的爱心。

"我最近决定以稍微圆滑和体谅的方式，来遣散我们公司的多余人员。因此，我在仔细考虑他们每人在冬天里的工作表现之后，一一把他们叫进来，而我就说出下列的话：'史密斯先生，你的工作表现很好（如果他真是如此）。那次我们派你到纽华克去，真是一项很艰苦的任务。你遭遇了一些困难，但处理得很妥当，我们希望你知道，公司很以你为荣。你对这一行业懂得很多，不管你到哪里工作，都会有很光明远大的前途。公司对你有信心，支持你，我们希望你不要忘记！'

"结果呢？他们走后，对于自己的被解雇感觉好多了。"

有一位女士在一家公司任市场调研员，她接下第一份差事是为一项新产品做市场调查。她说道：

"当结果出来的时候，我几乎瘫倒在地，由于计划工作的一系列错误，导致整个事情失败，必须从头再来。更不好对付的是，报告会议马上就要开始，我已经没有时间了。

"当他们要求我拿出报告时，我吓得不能控制自己。为了不惹大家嘲笑，我尽量克制自己，因为太过紧张了。我简短地说明了一下，并表示我需要时间重新来做，我会在下次会议时提交。然后，我等待老板大发脾气。

"结果出人意料，他先感谢我工作踏实，并表示计划出现一些错误，在所难免。他相信新的调查一定准确无误，会对公司产生很大帮助。他在众人面前肯定我，让我保全了颜面，并说我缺少的是经验，不是工作能力。

"那天，我挺直胸膛离开了会场，并下定决心不再犯错误。"

懂得在调节上尊重别人的人才会受欢迎。

1917年1月4日，一辆四轮马车驶进北京大学的校门，徐徐穿过园内的马路。这时，早有两排工友恭恭敬敬地站在两侧，向刚刚被任命为北大校长的传奇人物蔡元培鞠躬致敬。只见蔡元培走下马车，摘下自己的礼帽，向这些校园里的工友们鞠躬回礼。在场的人都惊呆了，这在北京大学是从来未有的事情，北大是一所等级森严的官办大学。校长享受内阁大臣的待遇，从来就不把这工友放在眼里。像蔡元培这样地位显赫的人向身份卑微的工友行礼，在当时的北大乃至全国都是罕见的现象。北大的新生由此细节开始，树立了一面如何做人的旗帜。

有时候，给别人留面子能更好地解决任何人之间的问题。

有一位夫人，她雇了一个女仆并告诉她下星期一上班。这位夫人给女仆以前的主人打过电话，知道她做得不好。当女仆来上班的时候，这位夫人说："亲爱的，我给你以前做事的那家人打过电话，她说你不但诚实可靠，而且会做菜，会照顾孩子，但她说你不爱整洁，从不将屋子收拾干净。现在我想她是在说瞎话，你穿得很整洁，谁都可以看得到。我相信你收拾屋子一定同你的人一样整洁干净。我们也一定会相处得很好。"

后来她们真的相处得很好。女仆要顾全高尚的名誉，并且她真的顾全了。她多花时间打扫房子，把东西放得井然有序，没有让这位夫人对她的希望落空。

《圣经·马太福音》中说："你希望别人怎样对待你，你就应该怎样对待别人。"这句话被多数西方人视为待人接物的"黄金准则"。

真正有远见的人不仅在一点一滴的日常交往中为自己积累最大限度的"人缘儿"，同时也会给对方留有相当大的回旋余地。给别人留面子，实际也就是给自己挣面子。

应对自如，才能游刃有余

我们在社会应酬中，要动用不同的思考模式去对待不同的事情，做到灵活应变，进退自如，方能立于不败之地。

清朝礼部尚书纪昀，才思敏捷，能言善辩。一次，天奇热，他正光着膀子同军机处的几个人伏案工作。突然，门外传来"皇上来了"的声音，穿衣已来不及了，光膀子接驾又恐有亵渎万岁之罪。纪昀急中生智，连忙钻到桌子底下藏起来。后来听不到皇上说话的声音了，他估计皇上走远了，就在桌子下面问其他几个人："老头子走了没有？"

这时，坐在椅子上的皇上一听此说，立即板起面孔问："纪昀，

你叫我老头子是什么意思？今天非讲清楚不可。"

纪昀见皇上还没走，知道闯祸了。于是，干脆从桌子底下钻出来，赶忙俯伏在地叩头，口称"死罪，死罪"。

皇上说："叩多少头也不行，快讲'老头子'是什么意思。"

纪昀又给皇上叩了一个头，然后索性慢条斯理地说："万岁不要发怒，奴才之所以称您为'老头子'，确实是对您的尊敬。'万寿无疆'称为'老'，'顶天立地'称为'头'，皇上称为'天子'，这就是我称您'老头子'的原因。"皇上得意地笑了，赦纪昀无罪。

纪昀应对之巧在于将"老头子"一词拆字联义，并使其义处处都落实在"天子至尊"之意上，这就是纪昀的机智。

在政治斗争中，掌握局势，应付自如显得尤为重要。

公元 222 年至 235 年间，古罗马国的皇帝因昏庸无能，激起了人民的不满，被大将塞维罗推翻，塞维罗当了新一代罗马大帝。

此时，塞维罗要主宰整个帝国，面临两大困难：一是尼格罗已在亚洲称帝，二是阿尔匹诺正在西方建立自己的政权。塞维罗知道，此时，他如以习惯性的思考模式去对待尼格罗和阿尔匹诺，就只有进军一途，坚决地消灭他们。但是，这两强的势力太大了，如不知进退，将是十分危险的。于是，他决定动用不同的思考模式，采取灵活应变的方法去对付这两大强敌：对于西方的阿尔匹诺，他用退一步的方法，以赐给"恺撒"的称号来稳住他；对于亚洲的尼格罗，他则用突袭的方式予以剿灭。当然，最后他还是在法国活捉了被他赐封过的阿尔匹诺，达到了他主宰罗马帝国的目的。

公元前192年西汉惠帝时，其母吕太后专权。一天，吕后接到匈奴军冒顿的一封信，信中之意，要娶吕后为妻，代刘邦当中原皇帝。看过这封粗鲁无礼的来信之后，吕后大怒，"欲斩其使，后兵击之"。

季布道："高帝新丧，吴下疮痍未复。樊哙大言以十万军可横行匈奴，这不是为了面谀太后，置天下安危于不顾吗？况且冒顿素来大话欺人。"这一番话，说得太后一脸的怒色渐渐平息下去。

经过一段时间的沉思，吕后命人回信冒顿："大王不忘怀于我，给我来信。想我已年老色衰，发齿坠落，行步失度，哪里还配得上大王呢？现在奉上我平日乘坐的御车两辆，良马八匹，备大王乘用。"

遭遇困境时能应付自如、游刃有余是成功者必备的素质之一。

无为而治

"绝圣弃智，绝仕弃义，绝巧弃利"，弃人为而变无为，却反是有为。"民利百倍，民腹孝慈盗贼无有。"

东汉永平年中，汉武帝刘秀的侄孙刘睦年轻时谦逊好学，博览群书，才智过人，且为人仁厚，随和爽快，深得汉武帝喜爱。长大以后，刘睦喜欢结纳宾客，笼络天下贤才，在士人中声望很大，有昔日孟尝君之风，天下才子纷纷与他交往，刘睦的名声顿时大噪。

刘睦被封北海敬王之后，刘睦意识到自己不能再按以前的方式做下去，他深谙皇帝的猜忌心理，皇帝一般希望自己在百姓心中是一个仁德的好君主，"仁德"是他们追求的标准；但是若自己也过于仁德，岂不有超过君主之嫌？这是皇帝们所不能允许的。作为藩王，如果因为贤能而引起皇帝的注意，并不是什么好事，相反都有可能招致各种危险。

想到这一层，刘睦就改变了往日的风气，他把门关起来，不再与社会名流交往，不再接待宾客，对往日的朋友一律拒于千里之外，并且，平时也不再显露自己的学识才干，处处掩饰。他日日耽于酒色，纵情享乐，让人觉得他平庸无能。

后来，刘睦果然一直稳居王位，没有忌恨他，皇帝对他也很放心。

老子主张无为而为，无为即是有为，有为反而不如无为。

曾有一个叫阳子居的人问老子："先生，我有一个问题想请教先生，望先生不吝指教。"

老子微一笑，点点头，示意他问。阳子居问："先生，有一个人，行动果敢敏捷，同时又具有深入透彻的洞察力，而且他又勤学于道，先生说，这样的一个人是不是就可以称为是理想的领导者了呢？"

老子仔细地聆听着，边听边思索。等阳子居说完，老子微微摇了摇头，抬眼望着阳子居，依旧笑着回答说："如你所言的人其实只不过是像个小官吏罢了。像你所描绘的那样的人的才能其实是有限的，而有限的才能往往其才能成了束缚自成的绳索。

"才所困，终使自己身心俱乏，心力交瘁。恰似虎豹因其身上长有美丽的斑纹和光亮的皮毛反而招致猎人的捕杀。猴子因为灵敏活泼，机警灵巧；猎狗因其擅长猎取动物，善于追奔，所以被人抓来，捆之以绳索。有了优点反而引来灾祸。你说，这样的人是理想的为职者吗？"

阳子居若有所悟，问道："是这样。是不是就像马儿因为善于奔跑却又只会奔跑，结果却是被人驯服豢养，成了供人骑耍的工具？"

老子微笑着点头，表示他很赞赏阳子居的聪慧。

阳子居又问："如此说来，那么，先生以为什么样的人才是理想的为职者呢？"

老子回答说："一个真正的理想的领导者应当是这样的，他的功德普及天下，恩惠泽被后世，而在一般人眼中一切功德又都似和他没有什么关系；他的教化惠及万物，德追乾坤，然而，人们又丝毫感觉不出他的教化；他治理天下时，根本不会留下任何施政的痕迹，而对万事百姓都具有潜移默化的影响力。只有做到这一点的领导者才是真正理想的领导者。"

庄子说过：

圣人清静无为，不是说清静无为好，所以才清静；而是说不足以扰乱内心，所以才清静。

水清静，胡须眉毛便可照得一清二楚。水的平面能合乎标准，所以最高明的匠人都取法于水。

水清静则明澈，何况人呢？圣人的心可清静，它是天地的明镜，万物的明镜。虚静、恬淡、寂寞、无为是天地的根本，道德的本质。

能持清静，则恬淡无为；恬淡无为，则什么事都尽到责任了。

《道德经》中指出："是以圣人处无为之事，行不言之教。"无为非不为，而是指顺应自然规律，顺应形势的发展，无为而为才能达到更好的效果。

妥协不是软弱

一个人一生中做得最多的事恐怕就是妥协。人每时每刻无处不妥协。妥协是现实人生的一个事实。

人生就是要不断地妥协，人生就是一个巨大的妥协；人际关系更是一种妥协，一种没有商榷余地的妥协。可是，虽然人们无时不在使用它，但人们对它却不太熟悉、不知道，知道了也不爱承认它。年轻气盛时，更不愿正视妥协，以妥协为耻。殊不知妥协不仅是现实人生的一个铁的事实，是一种理性，一种策略，一种绝高的社交智慧。如果我们把发展看成是人生的硬道理，那么，妥协便是发展的硬道理。

19 世纪中期的美国，在木材行业中，经营规模很大而又获得成功的人却为数很少，其中经营得最好的莫过于费雷德里克·韦尔豪泽。1876年，韦尔豪泽意识到，如果没有伐木的权利，木业公司就会衰落，于是他就开始实行一个大规模购买林地的计划，他从康奈尔大学买进5万英亩土地，后来继续买进大量土地，到1879年，他管辖的土地大约有30万英亩。而正在此时，一个重要的木业公司——密西西比河木业公司吸引了韦尔豪泽的兴趣。该公司具有很多的土地及良好的木材，由于经营者方法不对，导致公司效益不好。于是韦尔豪泽决心收购该公司。在经过双方的接触后，双方同意促成这个买卖。

在收购该公司的价钱上，双方展开了一场激烈的谈判。按该公司的要求，出价为400万美元，而韦尔豪泽则千方百计想把价钱压得低一点儿。于是他派了一名助手直接与该公司谈判，要求只给200万美元，态度异常坚决，并大讲道理。在经过双方的激烈争执后，韦尔豪泽闪亮登场，以一个中间人的身份出现，建议二者都做出一些让步，并提出自己的方案，声明：若就此方案也达不成协议，你们不必继续谈判。卖方正在苦恼之时，有些"松动的"迹象，自是欣喜。这样，只作了小的修改即达成协议，而买方所得的条件也比原来料想的好得多。最终以250万美元成交。

他的"妥协"收到的效果显而易见。从此，韦尔豪泽的事业如虎添翼，20世纪初，费雷德里克·韦尔豪泽通过对木材业的各方面的控制，使他的公司发展成为一个强大的木材帝国。

妥协与让步在谈判中是一种常见现象。妥协与让步不是出卖自己的利益，而是为了获得更大利益放弃小利益，可见让步应该是必要的。但是，妥协与让步也要讲究原则与尺度。

不要过早妥协与让步。太早，会助长对方的气焰。待对方等得将要失去信心时，你再考虑让步。在这个时候做出哪怕一点点的让步，都会刺激对方对谈判的期望值。

你率先在次要议题上做出妥协与让步，促使对方在主要议题上做出让步。

在没有损失或损失很小的情况下，可考虑妥协与让步。但每次让步，都要有所收获，且收获要远远大于让步。

让步时要头脑清醒。知道哪些可让，哪些绝对不能让，不要因妥协与让步而乱了阵脚。

每次以小幅度妥协与让步，获利较多。如果让步的幅度一下子很大，并不见得使对方完全满意。相反，他见你一下子做出那么大的让步，也许会提出更多的要求。

有时候，妥协还可以保住性命。大家都听过"杯酒释兵权"

的故事。

宋太祖赵匡胤黄袍加身建立北宋后，为防止被人夺权，就在一次宴席上对昔日为他打下江山的功臣们说："以前的日子里多好！白天厮杀，夜晚倒头就睡。哪像现在这样，夜夜睡觉不得安宁！"众兄弟一听，关心地问："怎么睡不稳？"赵匡胤说："这不明摆着吗，咱们是把兄弟，我这个位子谁也该坐，而又有谁不想坐呢？"大家面面相觑，感到了事态严重。赵匡胤说："你们虽然不敢，可难保手下人不这么想。一旦黄袍加在你们身上，就由不得你们了。"大家一听，明白赵匡胤已在猜忌大伙了。吓得在地上叩头不敢起身，求赵匡胤想个办法。赵匡胤说："人生短暂，大家跟我苦了半辈子，不如多领点儿钱，回家过个太平日子，那多幸福。"大家忙点头答应。

第二天，旧日的那些功臣们一个个请求告老还乡，交出兵权，领到一笔钱回家去了。

在日常生活中，学会适当妥协，可以让你避免许多麻烦。美国心理学家卡耐基常常带一只叫雷斯的小猎狗到公园散步。他们在公园里很少碰到人，再加上这条狗友善而不伤人，所以，他常常不给雷斯系狗链或戴口罩。

有一天，他们在公园遇见一位骑马的警察。警察严厉地说：

"你为什么让你的狗跑来跑去而不给它系上链子或戴上口罩？你难道不知道这是犯法吗？"

"是的，我知道。"卡耐基低声地说，"不过，我认为他不至于在这儿咬人。"

"你不认为，你不认为！法律是不管你怎么认为的。它可能在这里咬死松鼠，或咬伤小孩。这次我不追究，假如下次再被我碰上，你就必须跟法官解释了。"

可是，他的雷斯不喜欢戴口罩，他也不喜欢它那样。一天下午，他和雷斯正在一座小山坡上赛跑，突然，他看见执法大人正骑在一匹红棕色的马上。

卡耐基想，这下栽了！他决定不等警察开口就先发制人。他说："先生，这下你当场逮到我了。我有罪。你上星期警告过我，若是再带小狗出来而不替它戴口罩，你就要罚我。"

"好说，好说，"警察回答的声调很柔和，"我知道在没人的时候，谁都忍不住要带这样的小狗出来溜达。"

"的确忍不住，"卡耐基说道，"但这是违法的。"

"哦，你大概把事情看得太严重了。"警察说，"我们这样吧，你只要让它跑过小山，到我看不到的地方，事情就算了。"他主动妥协让他逃过了责罚。

人们往往只强调毫不妥协的精神，事实上，学会妥协，在人际交往中十分重要。

人们要正视这个事实，学会妥协的睿智和技巧。事实上，人生极需要这种技巧、智慧和策略。在低调对待的妥协社交中，人们才会有双赢的可能，人们也才会避免两败俱伤的结果。学会妥协，是人生的大学问。其实妥协，就是以退为进的智谋。

身处弱势不气馁

然而，世上不可能有永远一帆风顺的事。只许成功不许失败，实际上背离了事物演进的法则。常言道，失败是成功之母。失败是登上成功顶峰的阶梯，人非生而知之，只有在经历失败之后，才会发现不足，才能获得提高。

当你处于弱势的时候，不要气馁，凡事都会有转机，只要坚持努力，成功终会属于你。

李嘉诚在 1998 年接受香港电台访问时说道："在逆境的时候，你要自己问自己是否有足够的条件。当我自己处于逆境的时候，我认为我够！因为我有毅力……肯建立一个信誉。"所以在创业之初，他并没有大量的扩大再生产的资金，在竞争十分激烈的商场上，他并没有气馁。

有一次，一位开发商看中了他产品，约他次日到酒店商谈合作。翌日，李嘉诚带着样品到批发商下榻的酒店。

批发商大为赞赏这 9 款样品，声言是他所见到过的最好的 3 组。望着李嘉诚通宵未眠熬得通红的双眼，批发商心里便明白了一切。

他拍拍李嘉诚的肩膀说："我欣赏你的办事作风和效率。

我们开始谈生意吧？"

李嘉诚坦率直言说："谢谢您的厚爱。我非常非常希望能与先生做生意。可我又不得不坦诚地告诉您，我实在找不到殷实的厂商为我担保，十分抱歉。"

接下来，李嘉诚诚恳地对批发商谈了长江公司白手起家的发展历程和现在的状况，请批发商相信他的信誉和能力。

李嘉诚的经商原则引起批发商的共鸣。批发商相信自己的判断，他确定合伙人就是这个诚实又深富潜力的年轻人。他微笑着对李嘉诚说：

"你不必为担保的事担心了。我替你找好了一个担保人，这个担保人就是你自己。"

接下来，谈判在轻松的气氛中进行，很快签了第一单购销合同。按协议，批发商提前交付货款，基本解决了李嘉诚扩大生产的资金问题。

身处弱势而不气馁，仍坚持自己的理想与抱负的人古往今来大有人在，下面的例子是关于鬼谷子的两个徒弟张仪和苏秦的故事。

张仪，魏国贵族后裔，学纵横之术，主要活动应在苏秦之前，是战国时期著名的政治家，外交家和谋略家。战国时，列国林立，诸侯争霸，割据战争频繁。各诸侯国在外交和军事上，纷纷采取"合纵连横"的策略。或"合纵"，"合众弱以攻一强"，防止强国的兼并，或"连横"，"事一强以攻众弱"，达到兼并土地的目的。张仪正是作为杰出的纵横家出现在战国的政治舞台上，对列国兼并战争形势的变化产生了较大的影响。秦惠文君九年（前329年），张仪由赵国西入秦国，凭借出众的才智被秦惠王任为客卿，筹划谋略攻伐之事。次年，秦国仿效三晋的官僚机构开始设置相位，称相邦或相国，张仪出任此职。他是秦国置相后的第一任相国，位居百官之首，参与军政要务及外交活动。从此开始了他的政治、外交和军事生涯。

　　秦惠文王更元二年（前323年），秦国为了对抗魏惠王的合纵政策，进而达到兼并魏国国土的目的，张仪运用连横策略，与齐、楚大臣会于啮桑（今江苏沛县西南）以消除秦国东进的忧虑。张仪从啮桑回到秦国，被免去相位。三年，魏国由于惠施联齐、楚没有结果，不得不改用张仪为相，企图连秦、韩而攻齐楚。其实张仪的最终目的是想让魏国做依附秦国的带头羊。由于连横威胁各国，秦惠文王更元六年（前319年）魏国人公孙衍受齐、楚、韩、赵、燕等国的支持，出任魏相，张仪被驱逐回秦。秦惠文王更元八年（前317年），张仪再次任秦相国。九年，秦惠王接受司马错的建议，遣张仪、司马错等人率兵伐蜀，取得胜利，旋即又灭巴、苴两国。秦惠文王更元十二年（前313年）秦惠王想攻伐齐国，但忧虑齐、楚结成联盟，便派张仪入楚游说楚怀王。张仪利诱楚怀王说："楚诚能绝齐，秦愿献商、於之地六百里。"楚怀王听信此言，与齐断绝关系，并派人入秦受地，张仪对楚使说："仪与王约六里，不闻六百里。"楚国的使臣返回楚国，把张仪的话告诉了楚怀王，楚怀王一怒之下，兴兵攻打秦国。秦惠文王更元十三年（前312年）

秦兵大败楚军于丹阳（今豫西丹水之北），虏楚将屈丐等70多人，攻占了楚的汉中，取地600里，置汉中郡（今陕西汉中东）。这样秦国的巴蜀与汉中连成一片，既排除了楚国对秦国本土的威胁，也使秦国的疆土更加扩大，国力更加强盛。《史记·张仪列传》中说："三晋多权变之士，夫言纵横强秦者大抵皆三晋之人也。"无疑张仪是其中最杰出的一个。

鬼谷子的另一个徒弟苏秦，字季子，他出身低微，少有大志，曾随鬼谷子学游说术多年。后辞别老师，下山求取功名。苏秦先回到洛阳家中，变卖家产，然后周游列国，向各国国君阐述自己的政治主张，希望能施展自己的政治抱负。但无一个国君欣赏他，苏秦只好垂头丧气，穿着旧衣破鞋回到洛阳。洛阳的家人见他如此落魄，都不给他好脸色，连苏秦央求嫂子做顿饭，嫂子都不给做，还狠狠训斥了他一顿。苏秦从此振作精神，苦心攻读。他把头发束住吊在房梁上，用锥子刺自己的腿，"头悬梁，锥刺骨"便由此而来。一年后，苏秦掌握了当时的政治形势，开始二次周游列国。这回终于说服了当时的齐、楚、燕、韩、赵、魏六国合纵抗秦，并被封为"纵约长"，做了六国的丞相。当此时的苏秦衣锦还乡后，他的亲人一改往日的态度，都"四拜自跪而谢"。

人生不可能是一帆风顺的，在处于弱势的时候要处变不惊，波澜不兴，或蛰伏或争取，努力充实完善自己，成功则会指日可待。

第八篇

方法圆融，沟通无碍

把握好说话的时机

俗话说，话不投机半句多。能否把握说话的时机，直接关系到一个人的说话效果。所谓时机，就是指双方能谈得开、说得拢的时候，对方愿意接受的时候。

当领导正为应付上级检查而忙得焦头烂额的时候，你却找他去谈待遇的不公，那你肯定要吃"闭门羹"，甚至遭到训斥。掌握好说话的时机，才能提高办事的成功率。那么，什么时候与对方交谈和沟通才算抓住了时机呢？

在对方情绪高涨时。人的情绪有高潮期，也有低潮期。当人的情绪处于低潮时，人的思维就显现出封闭状态；心理具有逆反性。这时，即使是最要好的朋友赞颂他，他也可能不予理睬，更何况是求他办事。而当人的情绪高涨时，其思维和心理状态与处于低潮期正相反，此时，他比以往任何时候都心情愉快，说话和颜悦色，内心宽宏大量，能接受别人对他的求助，能原谅一般人的过错；也不过于计较对方的言辞，同时，待人也比较温和、谦虚，能程度不同地听进一些对方的意见。因此，在对方情绪高涨时，正是我们与其谈话的好机会，切莫坐失良机。

在对方喜事临门时。所谓喜事临门时，是指令人高兴、愉快、振奋的事情降临于对方时。如：对方在职位上晋升时；在科研上攻克难关，取得重大成果时；工作中成绩突出，受到奖励时；经济上得到收益时；找到称心伴侣、婚嫁或远方亲人来探望时等等。

常言道，"人逢喜事精神爽""精神愉快好办事"。在喜事降临对方时，我们上门找其交谈，对方会不计前嫌，而且会认为是对他成绩的肯定，喜事的祝贺，人格的敬重，从而也就乐意接受或欢迎你的到来，所求之事，多半会给你一个完满的答复。

在为对方帮忙之后。中国文化历来讲究"礼尚往来""滴水之恩当以涌泉相报"。在你帮了他一个忙后，他就欠了你一份人情，这样，在你有事求他帮忙的时候，他必然要知恩图报。在不损伤对方利益的前提下，他能做到的事情，一般情况下会竭尽全力去帮助你。"将欲取之，必先予之"，托人办事的时机，我们是可以进行预先创造的。

若解决冲突应在对方有和解愿望时。伦理学原理告诉我们，绝大多数人都具有"羞恶之心"，这种"羞恶之心"体现在与他人发生无原则的纠纷之后，会对自己的行为自觉地反省。通过反

省察觉到自己的过错之时，一种求和的愿望就会油然而生，并会主动向对方发出一系列试探性的和解信号。这时只要我们能不失时机地友好地找对方谈谈，僵局就会被打破，双方的关系也会重新"热"起来。因此，我们要善于捕捉对方发出的求和信息。例如，对方主动和我们接近、打招呼，与我们见面时由过去满脸阴云到"转晴"，或者暗中帮助我们排忧解难，等等。这时，我们就应该及时投桃报李，以更高的姿态、更炽热的感情找其交谈。我们切不可视而不见，见而不说，说而不诚。否则，对方一旦认为求和试探失败，和解的愿望就会顿消，误解将会转化故意，将会出现严重对抗的局面。

　　说话方圆之道一定要把握好时机，时机对才能好办事，时机不对也不用急于开口，耐心等待一次机会，但切记好机会不可让它溜走。

言语简洁，一语中的

　　每一种谈话，无论怎样琐碎，总要保持中心点，这也是所谓谈话目的，那目的就能够促进你和对方的关系。你必须使他觉察你是一个有理智有观点的人，绝非是个糊涂虫。单单无聊的空谈，是绝不能使对方对你有一点儿良好印象的。

世界著名的谈话艺术专家却司脱·费尔特先生，曾经教人谈话时应该注意下列一些问题。他说道："你应该时常说话，但不必说得太长。少叙述故事，除了真正贴切而简短之外，总以绝对不讲为妙。"说话方圆之道一定要记住言语简洁。

说话如果不说到要害就无法拨动对方内心深处最关心、最敏感的那根心弦，就无法使其动心、动容，改变主意，幡然醒悟。

商品经济时代，人们开口言商，闭口言商，"利"则成为经商的核心。

所有的商场竞争，无非都是围绕一个"利"字。只要你在推销时，恰到好处地在这个"利"字上把握分寸，重点突出，相信话不需多，也会卓有成效。

比如，"张厂长，如果你们厂的每条生产线都安装上我公司高精密度自动控制系统，那你厂产品的一等品率将由现在的85%上升到98%以上，每天可增加经济效益1.3万元，所以你晚一天购买，就意味着你每天都要白白地扔掉 1.3 万元钱。张厂长，早买早受益呀！"

如此以"利"动人，自然是无往而不利。可见，春色不需多，但见一杏出墙，便知天下皆春了。话语虽短，但一个"利"字，却这么了得！

要抓住问题的核心，须少说次要话和废话，也就是人们常说的，画蛇不要添足。

话要说得适可而止，进退有度。千万不要长篇宏论，越描越黑，那可是商家大忌！古语说得好："山不在高，有仙则名，水不在深，有龙则灵。"在我们日常生活中，话不在多，点到就行。在生活节奏日益加快的当今社会，没有人会有闲心去听你的滔滔宏论。这就要求你随时提醒自己，随时做到——把话说到点子上，有道理，有人情味，有逻辑性，这样才算掌握了说话的分寸。

常言所说的"唇枪舌剑""天花乱坠"，这两句话，前者指谈话非常精彩；后者是指谈话如同一泻千里的意思。其实，谈话并不完全在于多么精彩，也不在于口若悬河。专门讲些俏皮话和空洞的笑话。相反，尽管谈话的时候直截了当地对答，朴实地理解，也仍旧可以得到圆满的谈话结果。反之，空话连篇，言之无物，必然误人时光。语言还要力求通俗、易懂，如果不顾听者的接受能力，用文绉绉、艰涩难懂的语言，往往既不亲切，又使对方难以接受，结果事与愿违。

有的人为人腼腆，总怕和生疏的人会面时无言相对，实际上这是不必要的担心。因为在社交场合，大多数影响谈话气氛的不是出于那些讲话太少的人，而是出于那些讲话太多的人。即使自己不能谈笑风生，只要做到有问必答，回答问题合情合理就可以了。当然，交谈中注重语言的精炼准确，并不是说总是拼命想自己下一句要说什么，过多的咬文嚼字，不但不能听清对方在说什么，也会失去自己控制谈话的能力，显得紧张和语塞，出现相反谈话效果。

"言不在多，达意则灵。"讲话要精练，字字珠玑，简洁有力，使人不减兴味。冗词赘语，不得要领，必令人生厌。

融洽从学会倾听开始

聆听是表示关怀的行为，是一种无私的举动，它可以让我们离开孤独，进入亲密的人际关系，并建立友谊。

加州大学精神病学家谢佩利医生说，向你所关心的人表示你可能不赞成他们的行为，但欣赏他们的为人，这一点很重要。仔细聆听能帮助你做到这一点，认真听，并且要听全面的而不是支离破碎的话语，否则你会妄加评说，影响沟通。

谈话的目的是在于增进双方的了解，喜欢听别人说话，就是深入细致地了解对方的重要手段。所以，我们在听人说话的时候，必须仔细地把握对方说话的内容和从他的声调神态中流露出来的心情。

如果对方希望表现自己，你就尽量保持沉默倾听；等你发表你的意见时，他就会欣然地聆听了。通常打岔会令对方生气，以致阻碍了意见的交流。

好的聆听是一种积极参与的过程。好的聆听不是假装出来的。聆听表示不只注意到说话者的内容，还包括了他的声调、语气及肢体语言：你听到了说出来的部分，也听到了没有说出来的部分。你听到了内容，也听到了表达者的情感。

聆听是你表现个人魅力的大好时机，你以你的聆听表示你对别人的尊重。

卡耐基建议："只要成为好的聆听者，你在两周内交到的朋友，会比你花两年工夫去赢得别人注意所交到的朋友还要多。"卡耐基在人际沟通的理解上有极大的天分。他认为，人如果常常专注在自己身上，以及老是谈论自己和自己关心的事情，他很难与其他人建立牢固的友谊。大卫·舒瓦兹在《大思想的神奇》（中文版本译为《想大才能做大》）一书中提到："大人物独揽聆听，小人物垄断讲话。"

所以，在别人说话的时候，静静地听着，不时加以回应，如点头或者微笑，在对方没有讲完以前不去打断他，这是一件非常非常受欢迎的事。

值得注意的是，你不能一边听，一边却胡乱地去想别的心事，以至于把别人的话都漏掉了。你要真真正正地去听，把注意力放在对方的身上，抓住他的每一句、每一字甚至把握到他讲话时的态度神情。你最好能够在事后准确地复述出对方所讲过的话，连对方用什么语调，说话时做了些什么手势，你都能记得清清楚楚。

大多数的交谈模式是由一个人说话，另外的人则在等待轮到自己说话的时机。所以，有许多等待说话的人完全没有用心听对方说话，因为他不是在暗暗地想着自己的心事，就是在等着要发言。

"听"和"闻"，在意志力的行使方面，有着微妙的差异。"听"名副其实是透过一个人的听觉察觉出声音，而"闻"是为了解声音的含义，有全神贯注倾听的意义。

若只是"听"，就不必过于努力。但若是"闻"，就必须使之发生作用。每个人多少都患有倾听却精神涣散的毛病。如果不注意倾听说话的内容，往往只是茫然地附和着对方音调的高低起伏。

事实上，听者的神态，尽在说者的眼里。如果你是认真地倾听，自然能给予说话的人肯定的反馈（鼓励）。对方会认为你是一个理想的倾听者。做个忠实的听众，就是拥有了掌握人心的强劲武器。

美国知名主持人林克莱特一天访问一名小男孩，问他说："你长大后想要当什么呀？"小男孩天真的回答："我要当飞行员！"林克莱特接着问："如果有一天，你的飞机飞到太平洋上空时所有引擎都熄火了，你会怎么办？"

小男孩想了想："我会先告诉坐在飞机上的人绑好安全带，然后我挂上我的降落伞跳出去。"当在现场的观众笑得东倒西歪时，林克莱特继续着注视这孩子，想看他是不是自作聪明的家伙。没想到，接着孩子的两行热泪夺眶而出，这才使的林克莱特发觉这孩子的悲悯之情远非笔墨所能形容。于是林克莱特问他说："为什么要这么做？"小男孩的答案透露出一个孩子真挚的想法："我要去拿燃料，我还要回来！"

林克莱特如果在没有问完之前就按自己设想的那样来判断，那么，他可能就认为这个孩子是个自以为是、没有责任感的家伙。

有这样一个故事，有一天猫妈妈对它的小猫说："宝贝，你要开始独立生活了，你要学会捕食，这样才能生存下去。"可是小猫不晓得该去捕什么东西吃，于是它就问妈妈，请妈妈来告诉它。猫妈妈说："我先不告诉你，你接连几晚上待在人家的屋檐下或是房梁上，你仔细地听就会明白的。"于是小猫就听妈妈的话乖乖地待在那里，果然晚上听见一个人对另一个说："哎，你把厨房的门关上了没有，猫的鼻子可灵了，小心它把鱼叼走了。"于是小猫就知道鱼是它们最爱的食物，第二天晚上小猫又听见一个女人对一个男人说："哎，你把香肠挂起来了没有，小心被猫叼走。"于是小猫知道了香肠也是它们的食物，这样一连几天，小猫知道了很多它们爱吃的东西，它很高兴，对妈妈说："哦，原来听一听别人的话就能知道很多的知识呢，我以后一定要多听别人说话。"

由此可见倾听的重要。同时认真地倾听比向别人喋喋不休地倾诉容易交到朋友。只有你闭上你的嘴巴，听别人向你讲话，你才是真正尊重和重视对方，那你也一定会得到对方的情感上的回报。认真地倾听别人的诉说，能使对方很容易地喜欢上你，并成为你的朋友。做一个好的听者，会使你事业成功，也会使你交到朋友。跟你谈话的人对他自己需求的问题比你需求的问题感兴趣千百倍，当你下次与人交谈时千万别忘了这一点。当你在认真地聆听别人讲话时，你实际上在推销你自己。你的认真，你的全心全意，你的鼓励和赞美都会使对方感到你在尊重他、帮助他，当然你也会得到好回报。

有的人能认真倾听别人的谈话，经常用这样一些话来附和"噢，是那样啊"或"那可是个有趣的话题"，并适时提问一些相关的问题，这是交谈所必备的。

和这样的人交谈自然会热情高涨，交谈结束之后会有一种舒爽的心情，因为他能认真地听你说你想要说的话题。

交谈时，说者和听者双方互相配合，才能使话题顺利地进行下去。

交谈方法和语言表达是紧密联系在一起的，注意听别人的谈话是建立良好人际关系的秘诀。

到什么山头唱什么歌

中国有句谚语："到什么山唱什么歌，见什么人说什么话。"说话不看对象，常常让别人无法理解自己的本意，从而在无形之中与别人拉开了相当的距离。反之，了解了对方的情况，并依据其情况，寻找与之相适应的话题和谈话内容，双方就会觉得谈话比较投机，彼此在距离上也显得比较亲切。对方会觉得你是一个极具亲和力的人，从而愿意与你相处。因此方圆说话在这里要抓住以下几点：

1. 看对方的身份地位说话

与上司说话，或是探讨工作，我们应该尽量向上司多请教工作方法，多讨教办事经验，他会觉得你尊重他，看得起他。所以，在工作中，在办事过程中，即使你全都懂，也要装出有不明白的地方，然后主动去问上司："关于这事，我不太了解，应该如何办？"或"这件事依我看来这样做比较好，不知局长有何高见？"

上司一定会很高兴地说："嗯，就照这样做！"或"这个地方你要稍微注意一下！"或"大体这样就好了！"如此一来，我们不但会减少错误，上司也会感到自身的价值，而有了他的帮助和支持，后面的事情就好办得多了。

2. 针对对方的特点说话

和人交谈要看对方的身份、地位，还要看对方的性格特点，针对他的不同特点，采取不同的说话方式，这样才有利于解决问题。

中国春秋时期的纵横家鬼谷子先生指出："与智者言依于博，与博者言依于辨，与辩者言依于要，与贵者言依于势，与富者言依于豪，与贫者言依于利，与卑者言依与谦，与勇者言依于敢，与愚者言依于锐。"意思是说：和聪明的人说话，须凭见闻广博；与见闻广博的人说话，须凭辨析能力；与地位高的人说话，态度要轩昂；与有钱的人说话，言辞要豪爽；与穷人说话，要动之以利；与地位低的人说话，要谦逊有礼；与勇敢的人说话不要怯懦；与愚笨的人说话，可以锋芒毕露。

3. 摸准别人的心理说话

通过对手无意中显示出来的态度及姿态，了解他的心理，有时能捕捉到比语言表露更真实、更微妙的思想。

东晋时代，有这样一个小故事：当时，贵族们喜欢品评人物，有人问大将军桓温："你觉得某某人怎样？"

桓温刚要评论，又停下来看了看这个人，然后对他说："你这个人喜欢传闲话，还是不告诉你为好。"

中国民间有一句话："言多必失。"是说如果一个人总是滔滔不绝地讲话，说的多了，话里就自然而然地会暴露出许多问题。而且，你的话多了，其中自然会涉及其他人。

由于所处的环境不同，人的心理感受不同，而同一句话由于地点不同、语气不同，所表达的情感也不尽相同，别人在传话的过程中也难免会加入他个人的主观理解，等到你谈的内容被谈话对象听到时，可能已经大相径庭，势必造成误解、隔阂，进而形成仇恨。另外，人处在不同的状态下，讲时的心情不同，话的内容也会不同，心情愉快的时候，看事看人也许比较符合自己的心思，故而赞誉之言可能会多；有时心情不愉快，讲起话来不免会愤世嫉俗，讲出许多过头的话，招来很多麻烦。

孔子曰："不得其人而言，谓之失言。"对方倘不是深相知的人，你就畅所欲言，以快一时，但对方的反应是如何呢？你说的话，是属于你自己的事，对方愿意听么？彼此关系浅薄，你与之深谈，显出你的没有修养；你说的话，若是关于对方的，你不是他的诤友，不配与他深谈，忠言逆耳，显出你的冒昧；你说的话，是属于国家的，对方的立场如何，你没有明白，对方的主张如何，你也没有明白；你只知高谈阔论，殊不知轻言更易招忧呢！

话非其人不必说；非其时，虽得其人，也不必说；得其人，得其时，而非其地，仍是不必说。

争论永远没有赢家

世上只有一种方法能从辩论中得到最大的利益——那就是停止辩论。你永远不能从辩论中取得胜利。如果你辩论失败，那你当然失败了；如果你得胜了，你还是失败的。这是因为，就算你将他驳得体无完肤、一无是处那又怎样？你觉得很好，但他怎么认为？你使他觉得脆弱无援，你伤了他的自尊，他不会心悦诚服地承认你的胜利。所以说话方圆之道要领悟这个真理。

波音人寿保险公司为他们的推销员定下一个规则：不要争论！完美、有效的推销，不是辩论，也不要类似辩论。因为辩论并不能让人改变想法。

多年前有一位叫杰克的爱尔兰人，他因为喜欢和他人辩论，经常和顾客发生冲突，所以很难推销他的载重汽车。但后来他成功地成为纽约怀特汽车公司的一位推销明星。其中发生了什么故

事呢？

下面由他自己向您叙述他非凡转变的经过："假如现在我去向客户推销汽车，如果他说：什么？你们的汽车？你白送给我，我都不要，我要买某牌的车。我便告诉他，某牌是一种好车，如果你买那种牌子的，你也不会错。那个牌子为一家可靠公司所制造，推销员也很优秀。

"于是他没有话说了。如果他说某牌最好，我同意他的说法，他不能整个下午继续说某牌最好了。然后我们离开某牌的题目，我开始讲自己的车的优点。"

充满智慧的富兰克林常说："如果你辩论争强，你或许有时获得胜利；但这种胜利是得不偿失的，因为你永远无法得到对方的好感。"

因此，你自己好好考虑一下，你想要什么，只图一时口才表演式的胜利，还是一个人的长期好感？

在你进行辩论的时候，你也许是绝对正确的。但从改变对方的思想上来说，你大概一无所获，一如你错了一样。

美国总统威尔逊执政时的财政部长威廉·麦肯锡，他将多年政治生涯获得的经验，归结为一句话："靠辩论不可能使无知的人服气。"

拿破仑的管家康斯坦常与拿破仑的妻子约瑟芬打台球。在他所著的《拿破仑私生活回忆录》中说："我虽然球技比她好，但我总是让她赢我，这样她会非常高兴。"我们要从康斯坦那里学到一个教训。我们要使我们的客户、情人、丈夫、妻子在偶然发生的不影响大局的讨论上胜过我们。

释迦牟尼说："恨不能止恨，爱却能止恨。"误会永远不能用辩论结束，它需用手段、宽容与和解来使对方产生同情的欲望。

十有九次的争吵结果是，每个人都更加相信自己是正确的。

在争论中你的意见可能是正确的。但要改变一个人的看法，你的努力大概会是徒劳的。

任何一个人，无论其修养程度如何，都不可能通过争论说服他。

下面是避免无谓争论的几条建议：

1. 欢迎不同的意见；

2. 先听为上；

3. 寻找双方的共同点；

4. 答应仔细考虑反对者的意见；

5. 为反对者关心你的事情而真诚地感谢他们；

6. 控制你的情绪；

7. 不要盲目相信直觉。

男高音歌唱家真·皮尔斯结婚将近50年了。他说："我太太和我在很久以前就订下了约定，不论我们对对方如何的愤怒与不满，也要一直遵守这项约定,这项协议是: 当一个人大吼的时候，另一个人就应该静听。很显然，当两个人都大吼的时候，就没有沟通可言了，有的只是刺耳的噪音，那太可怕了。"

要使你的思想深入人心，切记：从争论中获胜的唯一秘诀就是避免争论。

第九篇

交友方圆有度

人心迷离，择友须慎

"朋友"之中，固然有"道义相砥，过失相规"的"畏友"，"缓急可共，生死可抵"的"密友"，但也有"甘言如饴，游戏征逐"的"昵友"，甚至有"利则相攘，患则相倾"的"贼友"；有欧阳修赞扬的"同道"的朋友，也有他深恶的"同利"的朋友。再者，如鲁迅说的，骗子有屏风，屠夫有帮手，在他们之间，也可以叫作"朋友"的。俗话说的"雪里送炭真君子，锦上添花是小人"。这"添花"的，不用说也是"朋友"，至于看别人有权有势恨不得叫声爹，失势时立即落井下石，以及"人前握手，人后踢脚"，而又面不改色心不跳的人物，也都会被人视作"朋友"的。天下之大，无奇不有，"朋友"的花样，也是各种各样的。

所以，慎重选择真朋友，警惕交上假朋友，就成了处世之道的重要一条。

要选准真朋友也并不那么简单，所以古人常有"相识满天下，知音能几人"的慨叹，对于"世味年来薄似纱""知人知面不知心"的炎凉世态痛心疾首。

那么，择友的标准又是什么呢？《后汉书·刘陶传》中说刘陶："所与交友，必也同志。"《国语》中说："同德则同心，同心则同志。"孟轲告诫人们："人之相识，贵在相知；人之相知，贵在知心。"《韩诗外传》说："同明相见，同音相闻，同志相从。"晋人傅玄在《何当行》中讲："同声自相应，同心自相知。外台不由中，虽固中必离。管鲍不出世，结合安可为。"他们都强调了"同心""同志"。古希腊哲学家德谟克利特指出："只有那些有共同利害关系的才是朋友。"

友有"益友""损友"之不同。孔子说"益者三友"："友直、友谅、友多闻，益矣"；"损者三友"："友便辟，友善柔、友便佞，损矣。"就是说，要与正直的、诚恳的、见闻广博的人交朋友，这才有益；同谄媚奉承、当面恭维背后诽谤、喜欢夸夸其谈的人交朋友，那是有害的。交益友，在品德上可以互相砥砺，在工作上能够互相促进，生活上可以互相照顾，有了困难互相帮助，有了缺点能够互相规劝、批评，在学识上能够互相取长补短，这对一个人的成长进步无疑大有好处；反之，交了"损友"，当面说好话，净给你灌迷魂汤，背后却耍手腕、使绊子，甚至攻讦戕害，那自然是有害无益、有损无补了。

有的人犯错误，栽跟头，除了主观上的原因，从客观上说，与交上了"损友"有很大关系。

西班牙作家塞万提斯说："重要的不在于是谁

生的，而在于你跟谁交朋友。"也是在强调择友的重要。而毛泽东说的"朋友有真假，但通过实践可以看清谁是真朋友，谁是假朋友"，则可以看作是教给我们的择友方法，即从实践中听其言、观其行，其所言所行合乎"同道"的"畏友""密友""益友"者，一般来说，可以称之为真朋友；其所言所行堕入"同利"的"昵友""贼友""损友者"，自然便是假朋友。是真朋友，自然可交、当交。是假朋友，则应毫不犹豫地与之"息交以绝游"。否则，近墨者黑，染于苍则苍，便悔之晚矣！有《结交行》诗曰：

种树莫种垂杨枝，结交莫交轻薄儿；

杨枝不耐秋风吹，轻薄易交还易离。

此正是："友也者，友其德也。"戒之慎莫忘！这就要求我们交友要有规矩，即方，这样才能广交友，交好友。

三教九流皆可交

好的朋友不仅可以使我们生存在一定的精神高度，同时也可以使我们感到温馨和自由自在。朋友对事业的发展有举足轻重的作用，有时甚至会超乎我们的想象。

人生得一知己足矣。当今为人者既要广泛交友，又要审慎选择。如何做到这一点呢？正如鲁迅先生曾经说的："我还有不少几十年的老朋友，要点就在彼此略小节而取其大。"略小节，取其大，就是不斤斤计较小节，而要从大处着眼。看人首先看大节，不是盯住对方的缺点错误不放，而是用发展的、变化的观点看人。如果不能略其小，取其大，就不能与人为善，也就不能全面地客观地评价一个人。就可能一叶障目，不识泰山，就可能把朋友推开，就可能得不到真正的友谊。

毛主席胸怀博大，善于结交各种各样的朋友。青少年时期，他和蔡和森、陈潭秋等人组织了新民学会，结交了一大批有志之友。投身革命后，有朱德、周恩来等一批亲密战友在他身边。

同时，毛主席还与李淑一、周士钊、柳亚子等许多平民百姓、民主党派人士交朋友，结下了深厚的情谊。通过朋友，他掌握了社会各阶层各党派的情况，为发展统一战线，制定党的方针政策，做出了巨大的贡献。

可见"兼听则明，偏听则暗"，结交各式各样的朋友，对于取长补短，开阔视野，活跃思维，都是有益的。

干大事者周围多有谋臣策士，使之诸事顺畅；一旦陷入僵局的时候，自有这些谋士帮忙使之化险为夷。善于使用智者，实在是一种高超的能力。

人才是专才，不可能是全才；用人所长，那么这个人就是人才；如果用人不用其所长，那么这个人就不能是人才了。比如，我们常常把那些没有什么正经事做，游手好闲的人称作"鸡鸣狗盗之徒"。在一般人眼光看来，进入这个范围的人，可能这辈子就没有什么戏了。但是不然，这真应了李白那句"天生我才必有用"的著名诗句。

春秋时期，齐国派孟尝君出使秦国，秦昭王想让孟尝君做相国。有人劝秦昭王说："孟尝君很有本事，又和齐王是本家，如果在秦国做了相国，他一定先替齐国打算而后才为秦国谋利，那么秦国就危险了。"

于是秦昭王就不让孟尝君当相国了，而且把他关了起来，想把他杀掉。孟尝君派人求秦昭王的一个宠姬帮着解脱。这个宠姬说："我想要孟尝君的白狐狸皮裘。"

孟尝君有这样一件皮衣，价值千金，天下无双；然而他在到秦国以后，就献给了秦昭王，现在再没有这样的皮衣了。孟尝君很发愁，问遍门客，谁也想不出对策。这时，常坐在最后边的座位上的一个食客说："我能弄来白狐裘。"他在夜里进入秦王宫中储藏东西的地方，偷出孟尝君献给秦昭王的那件皮衣。孟尝君又把这件皮衣献给了那个宠姬。宠姬替孟尝君向秦昭王讲了情，秦昭王就把孟尝君放了。

孟尝君行动自由了以后，改了姓名，混出了咸阳，半夜时分，到了函谷关。秦昭王放了孟尝君以后，又后悔了，让人去寻，而孟尝君已经逃走了，于是他就派人驾车追赶。

孟尝君逃到了函谷关下，很怕追兵赶到。秦国有一条规定：鸡鸣以后才准放人通行。这时，另一个常坐在后边座位上的食客说他能学鸡鸣。于是他学起了鸡鸣，随后附近的公鸡也被引得齐声鸣叫起来。守关的人听到鸡叫，就开关放人通行，孟尝君得以出关去了。

过了不久，秦昭王派的追兵来了，却扑了一个空。

当初，孟尝君把这两个做狗盗、学鸡鸣的人当宾客招待，别的宾客觉得是辱没了自己，脸上无光。但当孟尝君在秦国遭难而靠这两个人才得救之后，别的宾客都佩服这两个人了。

要干成一件事，往往会遇到许多意外的问题，因此也就需要各种不同类型的人才来解决。广交各界朋友，方能在你有困难的时候，他人及时伸出援手，这才是方圆交友之道。

关键时刻拉人一把

人的一生不可能一帆风顺，难免会碰到失利受挫或面临困境的情况，这时候最需要的就是别人的帮助，这种雪中送炭般的帮助会让他人记忆一生。方圆交友就要在关键时刻拉人一把。

"患难之交才是真朋友"，这话大家都不陌生。

德皇威廉一世在第一次世界大战结束时，可算得上全世界最可怜的一个人，可谓众叛亲离。他只好逃到荷兰去保命，许多人对他恨之入骨。可是在这时候，有个小男孩写了一封简短但流露

真情的信，表达他对德皇的敬仰。这个小男孩在信中说，不管别人怎么想，他将永远尊敬他为皇帝。德皇深深地为这封信所感动，于是邀请他到皇宫来。这个男孩接受了邀请，由他母亲带着一同前往，他的母亲后来嫁给了德皇。所谓患难，主要是指个人遇到的困难，遭到的不幸。摆脱困难，战胜不幸，不能完全依赖组织，要靠我们自己的力量，要借助友谊的力量。

友谊，不仅仅是在那欢歌笑语中和睦相处，更是要在那困难挫折中互相提携，相濡以沫。有的人在无忧无虑的日常生活中，还能够和朋友嘻嘻哈哈的相处，可是一旦朋友遇到了困难，遭到了不幸，他们就冷落疏远了朋友，"友谊"也就烟消云散了。这种只能共欢乐不能同患难的友谊，不是真友谊。莎士比亚曾说过："朋友必须是患难相济，那才能说得上是真正的友谊。"列宁也说过："患难识朋友。"他们都十分珍重在患难中得到的友谊，把此誉为"真友谊""真朋友"。这是因为，友谊本身就意味着在困难时的忠诚相依。否则，友谊就毫无意义。

当朋友遇到了困难的时候，应该伸出友谊的双手。当朋友生活上艰窘困顿时，要尽自己的能力，解囊相助。对身处困难之中的朋友来说，实际的帮助比甜言蜜语强一百倍，只有设身处地地急朋友所急，帮朋友所需，才体现出友谊的可贵。

当朋友遭到了不幸的时候，应该伸出友谊的双手。例如，在朋友不幸病残、失去亲人、失恋的时候，就要用关怀去温暖朋友那冰冷的心，用同情去安抚朋友身上的创伤，用劝慰去平息朋友胸中冲动的岩浆，用理智去拨散朋友眼前绝望的雾障。反之，若是对朋友的不幸置之不理、幸灾乐祸，那两人之间就没有什么友谊可谈了。

当朋友遭到打击、孤立的时候，应该伸出友谊的双手。如果在朋友遭到歪风邪气打击的时候，为了讨好多数，保持沉默，或者反戈一击，那就成了友谊的可耻叛徒。正如巴尔扎克的《赛查·皮罗多盛衰记》中所说的："一个人倒霉至少有这么一点好处，可以认清楚谁是真正的朋友。"一个好朋友常常是在逆境中得到的。假如你在遭到打击、孤立的时候，有人与你本不熟悉，但却理解你、支持你，坚决同你站在一起，那你一定会把他视为挚友，会为找到一个真正的朋友感到高兴。

当朋友犯了错误的时候，应该伸出友谊之手。朋友犯了错误，自己感到羞愧，脸上无光，这是正常的，也是一种好现象。但是，担心继续与犯了错误的朋友相交会连累自己，因此而离开朋友，这是自私的。友谊的价值之一，也就是在于帮助犯了错误的朋友一道前进。

友情的赢得往往也在关键的时刻，即当别人处于困顿的时刻，只要你在这关键时刻伸出你的手拉他一把，你就获得了他的好感，所以友情的赢得也要抓时机，过了这一村，就没这一店了，在这种时刻赢得的友情通常也能保持下去，而不是一时之交。

交友有礼

生活中，经常会有这样的事发生，一些好得不得了的朋友，最终还是散了，有的缘尽情了，有的则不欢而散。

虽然朋友失去了还可以再交，但新的朋友未必比老朋友好，失去友情更是人生的一种损失。为了避免失去朋友，让多年的友情随风而散，方圆交友的原则值得考虑——好朋友也要保持距离！

人与人之间的差异是必然存在的，交往的次数愈是频繁，这种差异就愈是明显，经常形影不离会使这种差异在友谊上起到不应有的作用。因此，交友不要过往甚密，一则影响着双方的工作、学习和家庭，再则会影响感情的持久。交友应重在以心相交，来往有节。

友谊不是爱情，你如果希望你的朋友像妻子一样对你忠贞不二是不可能的，爱越专一就越甜蜜，友谊则不一样，我们生活在大千世界里，不是仅有一条狭窄的胡同，友谊本来就是很多人的事，朋友多了苦恼会少，朋友少了苦恼会多。你应该看到这一点。你是这样，你的朋友也是这样。

密友之间交往的艺术与夫妻之间相处的艺术有些共同之处，正如一对处于"蜜月期"的新婚男女一样，当两人的蜜月期一过，便不可避免地触碰彼此的差异和缺点，并且这种差异表现得越来越多，结婚之前，他们一直在求同，眼里闪烁的总是对方的优点，而经过一个阶段后，求同的动力变小，差异就显露出来。于是从尊重对方开始变成容忍对方，直至最后要求对方！当要求不能如愿，便开始背后挑剔、批评，然后人离情散。

过分的依赖会损害你和朋友的关系，而且是双方的，朋友并非父母，他们没有指导和保护你的义务，他们能给你支持，但不可能包办代替，你必须清楚，他只不过是朋友而已。

你自己不能做决定，缺乏主见，就会使你受到朋友正确或错误的意见的影响。为此，你应该立刻决定，摆脱对朋友的依赖。

有的朋友正相反，他们不可抗拒，盛气凌人，在与朋友的交往中，总喜欢指手画脚，不管朋友的想法如何都要求朋友按照自己的意愿去做。这种做法无异为友谊的发展埋下了不祥之笔。

如果你想对朋友说，"你应该""你不应该""你最好""你必须"，那么你无疑是想控制朋友的生活，这种做法，会使朋友感到很不愉快。

如果你是被控制的，不要认为有人为你操心一切是再好不过的了。控制你的朋友不是知心的朋友。一旦你把自己从他的"统治"下解放出来，就会出现奇迹，你和朋友就会变得平等。

朋友之间不能毫无顾忌。正如安全的地方，人的思想总是松弛一样，在与好友交往时，你可能只注意到了你们亲密的关系在不断增长，每天在一起无话不谈。对外人你可以骄傲地说："我们之间没有秘密可言。"但这一切往往会对你造成伤害。

好友亲密要有度，切不可自恃关系密切而无所顾忌，亲密过度，就可能发生质变，好比站得越高跌得越重，过密的关系一旦破裂，裂缝就会越来越大，好友势必会成冤家仇敌。

莫打听隐私。明友要保守秘密并不是对你的不信任，而是对自己负责。你同样也需要保守自己的秘密，这一切并不证明你和好友间的疏远；相反，明智的人会认为，如此双方的友谊更加可靠。

在你朋友觉得难为情或不愿公开某些私人秘密时，你也不应强行追问，更不能私自以你们的关系好而去偷看或悄悄地打听朋友的秘密，因为保守秘密是他的权利、一般情况下，凡属朋友的一些敏感性、刺激性大的事情，其公开权应留给朋友自己。擅自偷听或公开朋友的秘密，是交友之大忌。

给朋友面子。维护朋友形象是你和朋友都应该做到的，这种方式犹如给你们的亲密关系罩上一层保护膜，让友情在那里滋润成长。

而现实生活中，牢记这一点的人并不多，以密友相称的人为了证明一切，把当众指责、揭露看作一种证明的手段，往往导致友人的不满。

"朋友的形象是你们共同的旗帜，不论关系多么亲密，请你不要砍伐它。"

亲密的友谊，不应该是粗鲁的、庸俗的。在理解和赞扬声中，友谊会不断成长。

所以，如果你有了自己的"好朋友"，与其因为太接近而彼此伤害，不如适度保持距离，"保持距离"能使双方产生一种"礼"，有了这种"礼"，就会相互尊重，避免碰撞而产生矛盾。但运用这一技巧时，一定要注意一个"度"，如果距离过大，就会使双方疏远，尤其是现代商业社会，大家都在为自己的事业奔波，实在挤不出时间，这样很容易忘了对方，因此一对好朋友也要经常打个电话，了解对方的近况，偶尔碰面吃吃饭，聊一聊，否则就会从好朋友变成一般的朋友，两人的友情等级会逐渐递减！

玩笑话慎重说

相熟的朋友聚在一起时，大家不免开开玩笑，互相取乐。说话不受拘束，原是人生一快事，不过凡事有利也有弊，玩笑过头乐极生悲，因开玩笑而使大家不欢的事情也常常遇到。有些人就因此认为谈话时开玩笑一事应该避免，这未免也过分了，但玩笑话还是应该慎重说，原则是只搔到痒处，不可触及痛处，开玩笑之前，一定要注意你所选择的对象是否能受得起你的玩笑。大概普通人可分为三类：第一种，狡黠聪明；第二种，敦厚诚实；第三种，则介乎上列两种之间。对第一种人，即狡黠聪明的人开玩笑，他不会使你占便宜的，结果是旗鼓相当；不分高下。第二种人，敦厚诚实者，则无还攻之计，亦无抵抗之力，这种人所见于外表的，不是道貌岸然，凛然不可侵犯，就是无可无不可的，喜欢和大家一齐笑，任你如何取笑他，他脾气绝好，不致动怒。对第一、二两种人，你可以先看看对方情形，而知道能否开玩笑，唯有介乎两者之间那种人，应付要最小心。这种人大概也爱和别人笑在一起，但一经别人取笑时，既无立刻还击的聪明争智，又无接纳别人玩笑的度量，如果是男的则变为恼怒，反目不悦，如果是女的就独自痛哭一场，说是受人欺侮。所以开玩笑之前，要先认识对方，最为妥当。

其次，要适可而止。普通开玩笑，说过一两句就算了，不要老是专门戏弄一个人，也不要连续取笑下去。一般十之八九都可以忍受，若专对一人不停地进攻，则十之八九都不能忍受。

开玩笑本来无所谓顾虑到对方的尊严，但使对方难过、伤心之事，亦非开玩笑之话题，这就是不要触及痛处。你笑你的同学考试不及格，你笑你的朋友怕老婆，你笑你的亲戚做生意上当而吃亏，你笑你的同伴在走路时跌了跤……这些都是需要同情的事

件，你却拿来取笑，不仅会使对方难以下台，且表现出你的冷酷。同样地，不可拿别人生理上的缺陷来做你开玩笑的资料，如斜眼、麻面、跛足、驼背等等，别人的不幸，你应该给予同情才是。如果在谈话中的人，有一位是生理上有缺陷的，那么，最好要避免易使人联想到缺陷方面的玩笑。

例如，有一天，三四个朋友聊天，其中有个女孩子提起她昨天配了一副眼镜，于是拿出来给大家看看她戴眼镜好看不好看。大家不愿扫她的兴都说很不错。这件事使小吴想起一个笑话，他就立刻说出来：有一个老小姐走进皮鞋店，试穿了好几双鞋子，当鞋店老板蹲下来替她量脚的尺寸时，这位老小姐——我们要知道她是近视眼——看到店老板光秃的头，以为是她自己的膝盖露出来，连忙用裙子将它盖住，立刻她听到一声闷叫声，"糟糕！"店老板叫道，"保险又断了！"

接着是一片笑声，孰料事后竟未见到这个女孩戴过眼镜，而且碰到小吴再也不和他打一声招呼。

其中的原因不难明白。说者无心，听者有意，在小吴看来，他只联想起一则近视眼的笑话。然而，对方则可能这样想："你取笑我戴眼镜不打紧，还影射我是个老小姐。我老吗？上个月我还是 24 岁！"

所以朋友之间即使相熟，有时为了调节气氛说些笑话，拿其他人开开玩笑也无伤大雅，但是一定要拿捏好，方圆之道，开适度的玩笑。玩笑虽好，但要慎重。

善于"储存"朋友

俗话说："一个篱笆三个桩，一个好汉三个帮。"方圆交友的人要善于储存朋友。人与人之所以会成为朋友是因为在友谊中彼此能收获一份美好的情感或其他他想收获的东西。所以要收获友情，我们首先要知道自己能给予别人什么。

卡耐基有这样一位朋友，既没有学历，也没有金钱，更没有人事背景，但是他成为一个成功的企业家。他到底是如何成功的呢？他是一个很会体贴他人的人，他对周围人的体贴，甚至超过了别人的需求。只要你说要上他那里玩，他都会表示万分的欢迎，希望你能在他那儿住几天。背地里，无论是多么拮据，内心多么苦恼，他都好像随时在等着你的来临，热情地接待你。甚至在你回去的时候，还要为你准备些小礼物、土特产。

无论是多么忙碌，他都不会表现出你的来访对他会是一种麻烦困扰，就连平时最害怕打扰朋友的人，也会常去他那坐坐。他说："像我这样既无学历，又没财力，更没有人事背景的人，能有今天的成就，实在有不足为外人道出的辛苦。像我这样一无所有的人，如果要与别人来往，就不能不令对方感到和我来往，会得到某些愉快与益处。"

事实上，以前的他，是孤独的，别人都不想理他、与他往来。他一直忍耐着寂寞，努力奋斗，度过那段日子，而他也就在其中学会了与人交往之道，比如给别人某些方面的益处，别人是不会无动于衷的。所谓某些方面的利益，有时是精神方面的，有时是物质方面的，总之，别人得不到益处，是不会来接触他的。

朋友交往之道，首先想到的应该是给予而不是索取，只想索取是无法交到朋友的。出身名门的富家子弟，他也想能成功地做出某些事情来。但是，当他与别人来往的时候，首先就会考虑这个人对自己有什么利用的价值。也许与这个人交往，以后向银行贷款时，会比较容易；也许与这个人做朋友，他会教给致富之道；也许这个人会将土地廉价出售给自己，也许会将办公室借给自己。他就是如此这般地，对周围的人怀着期待之心，算计之意，认为与自己接触的人，都会带给自己某些利益。这样的人太过急功近

利，不要说能交成多少朋友，即便是有些朋友，到头来也会渐失人心，成为孤家寡人。

其次，交朋友不能太过挑剔，这样才能广交朋友。固然，我们都推崇交"知己""好友"，但是朋友有很多类型，多交各种类型的朋友才能编织更大的人际关系网。我们不但要有生死与共、患难不移的朋友，也要善于和有这样那样的缺点错误甚至是反对自己的人交朋友。他山之石，可以攻玉。广泛地结交那些不同职业、不同爱好、不同身份的朋友，有时也能相得益彰。"兼听则明，偏听则暗"。结交各式各样的朋友，对于取长补短，开阔视野，活跃思维，都是有益的。

还要注意的是网罗你的朋友的过程要循序渐进，不能太操之过急，否则就会"吓跑"这个朋友。

布朗先生参加一个社交聚会，交换了一大堆名片，握了无数次手，也搞不清楚谁是谁。

几天后，他接到一个电话，原来是几天前见过面，也交换过名片的"朋友"，因为那位"朋友"名片设计特殊，让他印象深刻，所以记住了他。

这位"朋友"也没什么特别目的，只是和他东聊西聊，好像两个人已经很熟了那样。

布朗先生不高兴，因为他和那个人没有业务关系，而且也只见了一次面，他就这样打电话来聊天，让他有被侵犯的感觉，而且，也不知和他聊什么好！

在现代社会中，这种情形常会出现，以这位"朋友"来看，他有可能对布朗先生的印象颇佳，有心和他交朋友，所以主动出击，另外也有可能是为了业务利益而先行铺路。但不管基于什么样的动机，他采取的方式犯了人际交往中的忌讳——操之过急。

我们要遵循的法则是："一回生，二回半生不熟，三回才全熟。"而不是"一回生，二回熟"！"一回生二回熟"还太快了些，"一回生，二回半生不熟，三回才全熟"则是渐进的，而且是长期的、对方不知不觉的。这样才能如你所愿地交上朋友。

最后不要妄下判断谁对你重要、谁会成为你的好朋友。第一印象往往是最不可靠的，所以在未与人交往一段时间之前，不要立即对一个人妄加判断。同时，也不要随便听信别人的闲言闲语，让自己保持一个开朗的胸襟，以眼见的事实客观地去评断每一个人。这样你才会有一个交友的广泛空间，才能有足够的空间，让你去交你想交的朋友。

卡耐基认为，人要想立足社会、出人头地，千万不能"友"到用时方恨少。不论眼下如何，随时随地广结人缘，先多"储存"些朋友再说。这一种人是最聪明的人。

第十篇

职场应对，方圆有术

做上司"肚子里的蛔虫"

正确领会和实现上司的意图，做上司肚里的蛔虫，是好下属的重要标志。说话办事违背上司意图，可能"出力不讨好"，把事情弄糟。通常所说的上司意图，是指上司个人、领导班子或领导机关通过文字或口头下达的命令、批示、决定、交办意见等。这些都需要下属用心去理解、体会。

平时深入观察，仔细揣摩，熟谙上司的习性，这样才能正确地理解上司的意图。否则，在你具体执行过程中，就会发生很大偏差，甚至南辕北辙。与上司的想法完全背道而驰，你将会费力不讨好，陷入十分尴尬的境地。

工作中，上司是个无法回避的重要对象。会看眼色，能察言观色是成功至关重要的基本功。

汉元帝刘奭上台后，将著名的学者贡禹请到朝廷，征求他对国家大事的意见，这时朝廷最大的问题是外戚与宦官专权，正直的大臣难以在朝廷立足，对此，贡禹不置一词，他可不愿得罪那些权势人物，只给皇帝提了一条，即请皇帝注意节俭，将宫中众多宫女放掉一些，再少养一点儿马。其实，汉元帝这个人本来就很节俭，早在贡禹提意见之前已经将许多节俭的措施付诸实施了，其中就包括裁减宫中多余人员及减少御马，贡禹只不过将皇帝已经做过的事情再重复一遍，汉元帝自然乐于接受，于是，汉元帝既博得了纳谏的美名，而贡禹也达到了迎合皇帝的目的。

司马光对贡禹的这种做法很不以为然，他批评说："忠臣服侍君上，应该要求他去解决国家所面临的最困难的问题，其他较容易的问题也就迎刃而解了；应该补救他的缺点，而他的优点不用说也会得到发挥。"当汉元帝即位之初，向贡禹征求意见时，他应当先国家之所急，其他问题可以先放一放。就当时的形势而言，皇帝优柔寡断，谗佞之徒专权，是国家亟待解决的大问题，对此贡禹一字不提。恭谨节俭，是汉元帝的一贯心愿，贡禹却说个没完没了。

司马光不懂聪明人办事的眼上功夫，他不明白，古代的帝王在即位之初或某些较为严重的政治关头，时常要下诏求谏，让臣下对朝政或他本人提意见，表现出一副弃旧图新、虚心纳谏的样

子，其实这大多是一些故作姿态的表面文章。有一些实心眼的大臣却十分认真，不知轻重地提了一大堆意见，这时常招来忌恨，埋下祸根，早晚会招来帝王的打击报复。但贡禹十分精明，专拣君上能够解决、愿意解决、甚至正在着手解决的问题去提，而回避重大的、亟待解决的、棘手的问题，这样避重就轻，避难从易，避大取小，既迎合了上意，又不得罪人，表明他做官的技巧已经十分圆熟老道了。

唐朝的大臣封伦也是位会察言观色的高手。封伦本来是隋朝的大臣，隋朝灭亡，他便归顺了唐朝。有一次，他随唐高祖李渊出游，途经秦始皇的墓地，极为宏伟，经过楚汉战争之后，地上建筑被破坏殆尽，只剩下了残砖碎瓦。李渊十分感慨，对封伦说："古代帝王耗尽百姓、国家的人力、财力大肆营建陵园，有什么益处！"

封伦一听，明白李渊是不赞同厚葬的，迎合地说："上行下效，影响了一代又一代的风气。自秦汉两朝帝王实行厚葬，朝中百官、黎民百姓竞相仿效。古代坟墓，凡是里面埋藏有众多珍宝的，都很快被人盗掘。若是人死而地知，厚葬全都是白白地浪费；若是人死而人知，被人挖掘，难道不痛心吗？"

李渊称赞他说得好，对他说："从今以后，自上至下，全都实行薄葬！"

在公司内的人际关系中，与顶头上司合不来，是最危险的。因为你要接受上司的命令和指示，并要照着去做，而且上司还要检查你的工作结果，所以如果是与顶头上司之间的关系处理不当，会给自己的工作带来很大的障碍，自己的能力也很难得到充分发挥。

学会与上司沟通

今天，有一种说法很流行：光有埋头苦干的精神不行，还得会搞关系。许多人认为现在学会做人比干好工作更重要；会"做人"的人吃香，而一门心思干工作，不过是"傻干"，得不到一点儿好处。有人结合自己的亲身经历得出了"光靠实干要吃亏"的结论。

有些人受社会上流传的"干得好不如关系硬""辛苦干一年，不如领导家里转一转"等歪理的影响，片面相信关系是万能的，导致价值取向和思想道德标准发生偏移，我们不否认身边确有极少数人靠拉关系得到"回报"和"好处"，但绝大多数是靠实干获得进步的，这也是事实。靠实干赢得进步，才有做人的尊严，才能受到他人的敬佩。

在认真完成工作、很好地进行工作方面的交流的基础上进行个人方面的交流，是有必要的，它如同润滑油，是建立良好人际关系的关键。

上司和你一样，也渴望与人交流。在这里所谓的交流，不仅仅是指工作方面，也包括个人方面的交流。在工作方面，进行报告、磋商等方面的交流就不用说了。除此之外，上司也想了解一下有关你个人方面的问题。比方说：对一些事情的看法、工作以外的生活情况等等。因此，自己要尽量把握住机会，让上司多了解一些你个人方面的情况。这对你与上司建立良好的人际关系来说是很重要的。

要想和上司顺利地进行交流，应该要充分利用好午休时间或举行宴会的时机。比如，利用出席宴会等时机试着和上司谈一些工作以外的话题，说不定会发现以前自己认为难以接近的上司有令人意想不到的一面，从而改变过去对上司的看法。

争取与上司接触的机会必须恰如其分。全然没有接触机会固然不行，但也必须考虑上司的时间是否允许。如果只是为了满足自己的虚荣，则应加以避免，以免浪费上司的时间与精神。相对的，只要对工作以及双方均有正面的作用，则不应该一味认定上司位

高权重而裹足不前。

要求增加接触机会之前，必须让上司觉得每一次的接触都会有价值。

我们必须了解自己在沟通技巧上的缺点，例如表达意见时过于冗长或艰涩，可能导致上司对我们产生排斥，应设法加以控制。

选择重要的主题并做充分的准备，这是增加与上司接触机会的基本条件，不过这并不能保证能够如愿以偿。

非正式但具有建设性、启发性的交谈，将带给上司在正式会议中所无法得到的收获。若能做到这点，上司自然会主动和我们接触。

坦率直言的态度能增加上司和我们接触的意愿，因为他们身边通常逢迎拍马屁的人居多。

我们必须知道上司最喜欢的沟通方式为何（例如交谈、书写、电脑图案或举证等等），如此才能善用每一次的接触机会。

向上司传达工作的情况是非常重要的。喜欢说一些私人话题的上司，在工作上也较易于进行交流、报告、磋商。相反的，不爱说私人话题的上司，与他之间的工作交流也比较不容易进行。

工作上的沟通，信息上的沟通是很重要的，一定的感情是很必要的，但千万不要过分地去窥探上司的家庭生活秘密、个人生活隐私。当然，对上司在工作中的性格、作风、习惯的了解是可以的，也是必需的。

在平时生活中，要注意一些小细节，不要直呼上司的名字，当然更不能称兄道弟，在称呼时，最好是把他的职称加上。

上司一般不愿与下属有过于亲密的关系，主要原因有四点：一是过于亲密，会引起别的下属的嫉妒、紧张等情绪，让别人议论，这不仅不利于工作，还对上司形象产生不良影响；二是太亲密，他怕你对他的一些隐私、思想及行动过分了解，从而抓住了的把柄，对他不利；三是过于亲密，会降低他在你及其他下属面前的威信；四是过于亲密，会导致他的管理方法的失败，毕竟你把他的一切都了解清楚了，你"知彼"了，当然就会"百胜"。

在认真完成工作、妥善地进行工作方面的交流的基础上，可以说，进行个人方面的交流是一种润滑油，是改善你的上司关键。

如何成为上司的得力助手

上司一般都把下属当成自己的人，希望下属忠诚地跟着他，拥戴他，听他指挥。下属不与自己一条心，背叛自己，另攀高枝，"身在曹营心在汉"，存有二心等，是上司最反感的事。忠诚，讲义气，重感情，经常用行动表示你信赖他，便可得到上司的喜爱。

当上司讲话的时候，要排除一切杂念，专心聆听。眼睛注视着他，不要埋着头，必要时做一点儿记录。他讲完以后，既可以稍思片刻，也可问一两个问题，真正弄懂其意图。最后简单概括一下上司的谈话内容，表示你已明白了他的意见。一定要记住，上司不喜欢那种思维迟钝，需要重复好几遍才能明白他的意图的人。

有时候，下属由于过度服从权威，因此上司随口的一句话，被当成如山的军令。其实，如果上司无心的一句话被解读为"既定政策"、特定情况下的"变通办法"被诠释为标准程序的调整，或是"生气时的反应"被渲染成毫无转圜余地的最终立场，则反而会让上司感到骑虎难下。

传递上司的讯息时不应该避重就轻，身为下属有责任了解上司说话时的背景与动机为何。

有时候除了保留核心讯息之外，我们也必须调整表达方式，借以让受话者能够了解原意。

我们有责任帮助他人了解上司的用意，并且防止误解的产生，以免影响受话者的接受程度与执行能力。

将上司的指令当作圣旨，或是不经判断地草率执行，对上司而言都是有害无益的做法。

日本作家铃木健二说过这么一句话："在日本，对公司的职员来说，当今所需要的是独立思考的判断力，推测未来的洞察力和不畏失败的耐久力。"意志力一方面表现为对于面临的困境和来自外界的挫折具有较强的抵抗力，这是人成功必备的条件，是具有坚忍勇毅性格的一种表现；另一方面，意志力也是一种影响力，是人在人际交往中由于自身坚强的意志品性给外界留下的印象以及对于外界的影响，这是一种人格的魅力。

对于上司来说，大都喜欢工作有热情的人，接受任务时不打折扣，勇于积极主动地克服困难，很少垂头丧气，或者唉声叹气，始终是保持一种高昂的工作热情，留给上司的总是"积极而又能干"的形象。

比如说提前上班所表现的工作热望，是一天开始你献给事业型领导的最好礼物。上班早就意味着你有工作渴望，能按时下班，则表明你能完成任务。工作热情是处理好与上司关系的一座桥梁。

在工作当中，每个人都可能会碰到这样的情况：刚刚开完一个会，上司便交代给你一项任务。这时，你会很自然地想到两个问题：第一，这是一件非常艰巨的任务，需要花费你很大的精力和时间，我能不能办？或者应该怎样去办？第二，向你布置任务的上司正在等待你的表态，等待你给他一个明确的答复，你是尽自己最大努力去做呢，还是对上司说"不"？

如果是有意识要考察你的话，那么应该说，他对你的能力和水平是了解的，对你能否完成任务，也是心中有数的。因此，你可以直接避开第一个问题，然后尽量用最短的时间来考虑第二个问题，用明朗的态度回答："好的，我一定完成任务！"或"我会尽最大努力去做！"等等。

任何上司都绝不仅仅满足于只听到满意的答复，他们更注重你完成任务的情况是否也同样令他们满意，动听的话谁都会说，漂亮的事却不是谁都会干，只有完成任务，才能真心让领导心满意足。所以，当你给了上司一个满意的答复之后。紧接着。你就应该脚踏实地、竭尽全力地去履行你对领导许下的诺言。

擅长领会上司的真实意图

楚国郢地有个人给燕国的相国写信，写的时候天黑了。他便喊："举蜡烛来。"一边喊一边就不经意地在信上也顺手写上"举烛"二字。信送到燕相国手中，他想了许久，说道："举烛是崇尚光明的意思，崇尚光明是任用贤人的意思。"于是他根据这个想法去劝谏燕王，燕王采用他的话，国家治理得安定富强。

在日常生活当中，我们要学会善解人意。所谓的善解人意，就是要善察言观色，揣摩人心，"想对方之所想，急对方之所急"。在竞争激烈的职场之上，那些能得领导欢心的人，往往能够被更快地提拔，也能够得到更多的奖赏。而取悦领导最重要的一点，也是要善解领导之意，善于领会上司的意图。一个精于窥伺上司意图的下属，不只特别注意他的领导的言行，而且能够抢先一步，将领导想说而未说的话先说了，想办而未办的事情先办了，表现出极大的主动性。这样一来，领导自然会十分喜欢，从而自己也有更多被提拔和奖赏的机会。

任何人都喜欢被奉承、被吹捧。领导们也总是标榜自己好忠正、恶谄媚、近忠贤、远小人的，但是没有几个人能够真正做到。他们的一些言行可能掩藏着他们的真实想法。如果给你一个热脸，你就贴过去，可能会烫伤你自己。只有那些善于揣摩上司真实意图的人，才能有针对性地采取行动，退则保全自己，进则迎合领导的喜好，让自己得到职场上的成功。

说到揣摩上司的意图，乾隆时代的和珅可谓是个中翘楚。和珅"少贫无籍，为文生员"，直到乾隆四十年（1775年）才被擢为御前侍卫。自此之后，和珅便深得乾隆的宠信，步登青云，后来任军机大臣长达20年之久。和珅的官场履历，在清代官宦史上，可谓空前绝后。这很大程度上是因为和珅总是能够准确地揣摩出皇帝的许多真实想法。他曾对乾隆皇帝进行过细心的观察和研究，从而总是能够准确地掌握乾隆的心理变化和喜怒哀乐，甚至能够从其一言一行中猜出皇帝的真实意图。

和珅知道皇帝喜爱的是什么，于是也总是能让自己的各种行为得到皇帝的认同。乾隆皇帝喜欢吟诗作赋，和珅早年就下功夫收集乾隆的诗作，并对其用典、诗（词）风、喜用的词句了解得一清二楚，有时能够加以唱和，十分讨乾隆的喜欢。乾隆是个重情义之人。乾隆的母后去世时，乾隆痛彻心扉，每日垂泪。和珅并不像其他皇亲国戚、官宦臣下那样一味地劝皇上节哀，他只是默默地陪着乾隆跪泣落泪，不思寝食，几天下来，整个人面无血色，形容枯槁，好像比皇帝更为悲戚。如此能与皇帝同感共情的人，朝中除和珅之外，别无他人。乾隆是一个非常诙谐的人，平时喜欢与臣下开玩笑。因此，和珅经常给乾隆讲一些市井俚语、乡间笑话，令皇帝龙心大悦，这也不是一般军机大臣所能做到的。

　　和珅长于揣摩，有时似乎能够钻到乾隆的大脑里去，准确猜出乾隆的想法。史书载，一次乾隆出游，半途中忽命停轿，但是却不说缘由，臣下都很着急。和珅闻知后，立即让人找到一个瓦盆递进轿中，结果甚合上意，皇帝溺毕便继续起驾。按照惯例，每次京城附近的科举考试，都是由皇帝自"四书"中钦命考题。他先让内阁先送来"四书"一部，出完题后归还内阁。乾隆三十年（1765 年）考试时，皇帝命题后，仍旧令内监将"四书"送还内阁。和珅问起皇上出题的情况，内监不敢多言，只说皇上将《论语》第一本从头至尾翻了一遍，才微笑着欣然命笔。和珅沉思片刻，知道皇上一定是从"乙醯焉"一章中出题。因为乙醯两字含有"乙酉"二字，与这一年的年号相合。于是，和珅便通知他的弟子，有针对性地准备，结果正如和珅所料，和珅的学生全部高中。此事足以看出和珅揣摩功夫非同寻常。

乾隆做太上皇时，曾有一次共同召见嘉庆帝与和珅。两人入室之后，乾隆坐在龙座上闭着眼睛，只在口中念念有词，也不知道是哪种语言。一会，乾隆忽然问道："这些人是什么姓名？"嘉庆不知怎么对答，和珅却高声应答："高天德、苟文明（此二人都是白莲教的起义领袖）。"嘉庆听后莫名其妙，乾隆却满意地点点头。此后，嘉庆召和珅问起此事。和珅说："太上皇所诵读的是西域秘密咒。被诵这种咒语的人虽在数千里外，也会无疾而死，或大祸临头。奴才听闻太上皇诵这种咒语，料想所诅咒的者必是叛匪教首，所以就知道是那二人。"嘉庆听后，恍然大悟，并自叹不如。

皇帝大摆虚心纳谏的姿态，这在古代十分常见。对于这种情况，一些正直老实的官员就会立即响应皇帝的号召，上疏直言，毫无隐瞒地表达自己的意见，有时候甚至会历数皇帝的过失。殊不知天威难测，说不定什么时候皇帝就会追究直言犯上者的责任。而那些懂得观察时势的官员则会擦亮眼睛，当他看到君主只是在作一番演出的时候，就会陪他的领导一起三缄其口，就是提意见也会考虑是否对自己有利。

和珅善替对方着想，甚至连对方想不到的地方也能想到，和珅真可谓善解人意的楷模。和珅对乾隆皇帝的脾气、爱好、生活习惯、思考方法了如指掌，可以充分做到想乾隆之所想，为乾隆之所为。从这点来看，和珅本可以成为君臣中善解人意的楷模，无奈他利欲熏心，以至于坏事做绝，绝事做尽，最后不得善终。不过，如果能够立意良善的话，对身处下位者而言，这些都是非常有用的技巧。

在领导面前不妨装装"嫩"

人的脸皮本来很薄，慢慢地磨炼，就渐渐地加厚。

在一般情况下，如果上司说错话或做错事的时候，聪明的下属是不会、也不敢指出来的，否则，大多数领导一定会反过来教训一顿："怎么！当我连这个都不知道吗？你是不是存心让我难堪？"即使他们没有这么说，也一定会心中不悦，你给他的印象自然不会好到哪里去，说不定哪天他还会找你麻烦。

尽管人们口头都说"人尽其才"，但是在很多情况下，任何上司都有获得威信、满足自己虚荣心的需要，他们不希望部属超过并取代自己。因此，身为下属，如果你想恭维讨好你的上司，不妨把自己表现得比上司"外行"一些或水平更低一些。聪明的部属在和上司相处时，总是会千方百计地掩饰自己的实力，以假装的愚笨来反衬上司的高明，力图以此获取上司的青睐和赏识。当上司陈述某种观点的时候，他总是会装出恍然大悟的样子，拍手称好；当他对某项工作有了好的可行之方时，不是直接阐发意见，而是在私下或用暗示等办法及时告诉上司。同时，再抛出与之相左、甚至是很"愚蠢"的意见，让好主意从上司嘴里说出来。这样的下属，上司多半倍加欣赏，对其情有独钟。当然，装"嫩"充傻也是要注意场合和时机的。

商纣王时期的箕子可以算是装"嫩"充傻的鼻祖。箕子曾任太师，辅佐朝政，不料纣王昏庸无道，没日没夜地饮酒作乐，不理朝政。箕子劝谏了很多次，他都不听。纣王白天也关窗点灯，把白天当作夜晚，最后竟然忘了日期了，问一问身边的人，他们也都陪他喝酒喝得糊里糊涂不知道。于是，纣王派人向箕子去打听，箕子心想："身为天下之主都忘记了日期，国家就很危险了。他们所有的人都不知道，而只有我一个人知道，我就更危险了。"于是便推辞说自己也喝醉了酒，不知道日期。纣王如此昏庸，有人劝箕子离纣王而去，箕子不忍，而是披头散发装疯卖傻，常常又哭又笑。商纣以为箕子是真疯了，于是把他关了起来。而箕子也借此保全了自己。

韩擒虎是隋朝开国功臣，在平定陈国的战争中，他首先攻入陈国都城金陵，俘获陈后主。胜利后，他将自己在战争中的种种谋略、战术加以总结，写出一本书，书名题为《御授平陈七策》，意思是说这些战略、战术都是皇帝陛下教的，而平陈一战的辉煌胜利也是在皇帝的亲自指挥和部署下取得的，自己即便有功劳，也仅仅是有执行了皇帝的意旨的苦劳而已。韩擒虎把此书献给隋文帝，皇帝见到后，十分高兴，不但拒绝了韩擒虎的好意，要他留着写进自己的家史中，并且授以高官，赏以厚禄。韩擒虎此次谄媚可谓十分成功，一举两得，名利双收。

薛道衡是隋初大文豪，隋文帝时就备受皇帝信任，担任机要职务多年。当时的许多名臣如高颖、杨素等，都很敬重他；皇太子杨勇及诸王都以和他结交为荣。隋炀帝杨广虽然是个暴君，但是却也颇有文才，很喜欢作诗，即位后，延揽文人入朝，薛道衡也是其中之一。但杨广重视文人，一是因为他们跟他有同好，二是因为他想要用他们来表现自己比天下文人更有才华。隋炀帝极其自负，他曾对别人说："别人总以为我是承接先帝而得帝位，其实论文才，帝位也该属我。"一次，杨广做了一首押"泥"韵的诗文，命大臣们相和，别人写的都很一般，只有薛道衡所和的《昔昔盐》最为出色，其中"空梁落燕泥"一句，将人去室空的冷落景象描写得细致入微，堪称传神。隋炀帝闷闷不乐，十分忌恨，后来终于忍不住，找了个理由把薛道衡杀了，在杀他时，杨广还带着几分嘲弄的语气说："你还能再作出'空梁落燕泥'吗？"

和薛道衡一样，鲍照是南北朝的一位有才华的诗人，他的诗才曾被"诗仙"李白、"诗圣"杜甫所仰慕，可见文才之高。鲍照曾在南朝宋孝武帝刘骏朝中担任中书舍人。刘骏也喜欢舞文弄墨，而且自以为天下第一，别人谁也比不了他。鲍照明白他的心思，于是在写诗作文时，故意写得粗俗不堪，以满足刘骏的虚荣心，以致于当时有人怀疑鲍照江郎才尽。

箕子的做法非常明白地告诉人们，无论在什么问题上都不要表现自己比君上高明，要掩藏自己的智慧，遮蔽自己的能力，才能避免遭到猜忌。韩擒虎则用实际行动给属下们上了一堂课，那就是在必要的时候，一定要学会将自己贬抑下来，将上司无限抬高。尤其在有所功劳的时候，最好能够向上司表明对方"有其成功"，而属下只是"臣有其劳"；"有功归上"，做下属的只有跑腿的功劳而已。不和上司争功，甚至主动送功于上，这样的下属，自然会受到上司的赏识，也才有可能真正得到褒奖和提拔。鲍照故意装作"江郎才尽"，因为他知道只有这样做，才能避免被皇帝加害。被人怀疑事小，成功地保全了自己，才是真正的头等大事呢！否则，像薛道衡一样给自己的领导难堪，到头来吃亏的只能是自己。

第十一篇

守业为方，创业为圆

方正守业，严明的纪律是团队不可或缺的

俗话说：上有政策，下有对策。上面制定了很好的制度和规则，可是到了基层实施的时候，就变了样。因为每个人都会有自己的应对办法，借以逃脱责任，使得原来的制度没有很好地实施。所以，应对个人的圆滑世故，团队就一定要以方正的态度来进行规范，以方制圆。

这种方正的态度，多表现为团队的纪律。纪律就是规矩，是规范。纪律，是世界上最重要的东西，没有纪律，就没有品质；没有品质，就没有进步。

一个富有战斗力和进取心的团队必定是严格遵守纪律的团队，如果其中一个人无视纪律，不但会毁掉整个团队的战斗力，而且也会毁掉他自己的前途。

数年前，伊藤洋货行的董事长伊藤雅俊突然解雇了战功赫赫的岸信一雄，这一事件在日本商界引起了不小的震动，就连舆论界也以轻蔑尖刻的口气批评伊藤。人们都为岸信一雄打抱不平，指责伊藤过河拆桥，将自己"三顾茅庐"请来的一雄解雇，是因为一雄已没有了利用价值。

在舆论的猛烈攻击下，伊藤雅俊理直气壮地反驳道："秩

序和纪律是我的企业的生命，不守纪律的人一定要处以重罚，即使会因此降低战斗力也在所不惜。"

事件的具体经过是这样的：岸信一雄是由东食公司跳槽到伊藤洋货行的。伊藤洋货行以从事衣料买卖起家，食品部门比较弱，因此从东食公司挖来一雄。东食公司是三井企业的食品公司，对食品业的经营有比较丰富的经验，于是有能力、有干劲的一雄来到伊藤洋货行，宛如是为伊藤洋货行注入了一剂催化剂。

事实上，一雄的表现也相当好，贡献很大，10年间将业绩提高数十倍，使得伊藤洋货行的食品部门呈现一片蓬勃发展的景象。但是从一开始，伊藤和一雄在工作态度和对经营销售方面的观念即呈现极大的不同，随着岁月增加裂痕越来越深。一雄属于新潮型，非常重视对外开拓，善于交际，对部下也放任自流，这和伊藤的管理方式迥然不同。

伊藤是走传统保守的路线，一切以顾客为先，不太爱与批发商、零售商们交际、应酬，对员工的要求十分严格，他让他们彻底发挥自己的能力，以严密的组织作为经营的基础。伊藤当然无法接受一雄的豪迈粗犷的做法，为企业整体发展着想，伊藤因此再三要求一雄改变工作态度，按照伊藤洋货行的经营方式去做。但是一雄根本不加以理会，依然按照自己的方式去做，而且业绩依然达到水准以上，甚至有飞跃性的成长。这样一来，充满自信的一雄就更不肯改变自己的做法了。他说："公司情况一切都这么好，说明我的经营路线没错，为什么要改？"

为此，双方意见的分歧越来越严重，终于到了不可收拾的地步，伊藤只好下定决心将一雄解雇。

这件事情不单是人情的问题，也不尽如舆论所说的，伊藤因为与一雄不合而开除了他，而是关系到整个企业的存亡问题。对于最重视纪律、秩序的伊藤而言，食品部门的业绩固然持续上升，但是他无法容许"治外权"如此持续下去，因为，这样会毁掉过去辛苦建立的企业体制和经营基础。

任何一个人都应该清楚地认识到，在团队里，严明的纪律是不容忽视的。

英特尔从创立开始就非常强调纪律，处处都有明确的规定，每天早上的上班制度，就是最好的例证。在英特尔，每天上班时间从早上 8 点整开始，8 点零 5 分以后才报到的同事，就要签名，认为是迟到。即使你前一天晚上加班到半夜，隔天上班时间仍是上午 8 点。这和 20 世纪 70 年代个人享乐主义凌驾一切的美国人的观念有些背道而驰，可是英特尔公司的这些制度却延续至今，始终如一。

世界上杰出的企业都是将纪律放在重要位置上的。这些严格的纪律一步步见证了英特尔的强大。

有些人把纪律视为洪水猛兽，其实它并不那么恐怖。世界上没有什么事情是绝对的，自由也是。没有纪律的约束，自由就会泛滥成为堕落。英国克莱尔公司在新员工培训中，总是先介绍本公司的纪律。首席培训师总是这样说："纪律就是高压线，它高高地悬在那里，只要你稍微注意一下，或者不是故意去碰它的话，你就是一个遵守纪律的人。看，遵守纪律就这么简单。"

古语曰："工欲善其事，必先利其器。"要想构建一个团结有力的、无坚不摧的团队，就必须有纪律的保证。团队要想有更好的发展，就必须磨砺团队中每个成员无比坚强的信念，就必须要求每个成员用严明的纪律来约束自己。

圆融创业，在博弈中求优势地位

创业的过程是艰难的，商家要在市场经济中保证自己不被淘汰，并且能够从中获利，必须懂得圆融处世，懂得博弈，并且在此基础上还要有方正的指引，坚持自己的方针策略。所以，在适当的情况下，商家可以运用博弈思维，使自己在竞争中处于优势地位。这就必须采取合理的策略，无论是占优策略，还是被占优策略，都是一种思维方法。商家善于从思维的角度，理解和运用博弈思维，将产生巨大的实战效果。

立邦在中国的发展历程，能充分说明企业家运用博弈策略和思维的重要性。

1992 年立邦进入中国，它一直不遗余力地推广建筑涂料，培育了建筑涂料市场，并使立邦成为水性建筑涂料的代名词，销量占据 10% 以上的市场份额。

但是，立邦的高速发展历程，也反映出其策略上的失当。当立邦斥巨资培育出中国建筑涂料市场时，它才发现市场被 8000 多个涂料厂家分享，小企业的跟进，使市场竞争非常残酷，以至于立邦的市场份额远没有达到 30% 的垄断地位。为此，立邦开始调整它的推广战略，2003 年针对木器漆市场，推出 1687 木器漆系列。从产能提升、销售网点、服务体系等方面开始布局，期望能弥补其在木器漆方面的不足。但由于竞争异常激烈，推广 4 年多来效果并不明显。

作为一个建筑涂料的超级企业，立邦为什么放弃在水性建筑涂料上的优势，而向油性木器漆领域进军呢？显然，立邦试图规避竞争中的风险，担心自己推广水性建筑涂料太早，被小企业抢占先机，重蹈覆辙，所以它在等待机会。一旦时机成熟后，就发挥其水性漆的整体优势，后来居上，坐收渔人之利。

由此，我们看到大企业的疑虑和担心。在市场博弈过程中，如果小企业们不踩踏板，那么大企业难道一直等待吗？所以，立邦显然有前车之鉴，之所以不运用自己的优势，正是对市场控制缺少把握的表现。其实，立邦的这种策略选择也是有风险的，这种规避风险的方式，是被动的，看起来很有智慧，但恐怕很难奏效。

与之相反，TCL这个家电行业的大企业，则逆向运用博弈策略，取得了巨大成功。

2004年5月18日，TCL举行"开启中国大屏幕液晶电视新时代发布会"，TCL宣布将全面下调大屏幕液晶电视价格，降幅为30%。

这一消息立即引发国内二三线液晶电视企业的担心，他们开始大规模地上液晶生产线，试图抢占市场。然而，此时液晶电视市场总容量却偏低、成本结构不稳定，存在迅速降价风险，更糟糕的是消费者对液晶电视认知度不高，需要厂商投入大量资源进行市场普及。

在TCL开启"液晶彩电新时代"之后的一年里，市场上活跃的，全是二三线品牌的身影。TCL的高层一定在偷着乐呢，因为，TCL把液晶电视这把火烧起来后，却并没有任何新的市场动作，而是加紧技术研发。

当小企业们过早介入液晶电视市场后，无疑落入TCL设好的迷局中。到2005年初，在液晶电视和等离子电视等产品持续近一年的"论战"中，消费者对液晶电视已经有了充分的认识，国内液晶电视市场逐步走向成熟。

2005 年 4 月，TCL 在国内液晶电视市场开始发力，TCL 王牌银弧 A71 液晶电视系列产品正式上市；9 月，TCL 王牌以 "液晶 '七剑' PK 国际巨头" 的独特视角对薄典 B03 液晶电视展开了一系列整合营销传播活动。

经过 5 ~ 6 个月的市场争夺，二三线品牌市场份额迅速缩水，并渐渐退出市场。而实力雄厚的大企业们则争取到更好的上游资源，并具有规模化的优势，TCL 等大品牌主导液晶电视市场速成定局。

在这场液晶电视市场的博弈中，TCL 等大企业们逆向运用博弈策略，以退为进，鼓动小企业们先踩踏板，使小企业们忽视了自己在竞争博弈中的地位和作用，诱使他们投入大量费用，催熟市场，而自己不费吹灰之力，坐收渔利。

这一案例启发商家，竞争充满了变数，市场机遇的把握最终要靠实力。商家在进行决策时，必须对决策后果进行全方位的考察和分析，盲目地抓住所谓的市场先机，可能会带来巨大的市场风险，所谓鹬蚌相争、渔翁得利。商家必须具备深远的战略眼光和敏锐的思维力，才能准确地把握市场，赢得市场。

当然，商家的这种赢得市场的智慧，在生活中也同样适用。很多时候，我们要想在竞争中脱颖而出，就必须做好全面的调研，知己知彼，占据优势地位，才能在竞争中取胜。

利用感官"情报网"发现商机

这是个信息高度发达的时代，到处潜藏着无限的信息，而有信息，就有商机。

靠信息发财，是做买卖必不可少的条件。没有信息，经营者就像双目失明的盲人，面对四通八达的交叉路口不知东南西北，脚下也不知如何起步。

俗话说：信息灵，百业兴。瞬息万变的市场要求经营者必须具备极强的应变能力，随时做出正确的决策，而决策的基础在于是否获取了大量及时、准确的信息。商品市场上常常出现这种情况：一方面消费者持币观望，抱怨买不到满意的商品；另一方面是个体摊位、商店、生产厂家的产品因卖不出去而大量积压。其根本原因就是产品供求信息不准确，造成产品生产与市场需求脱节。

信息就是财富，但不能坐等信息从天上掉下来，而要时时留意、处处留心，一个准确的情报，很有可能让你一夜暴富。

中山圣雅伦公司董事长梁伯强被媒体称为"鬼才""每根头发都是竖起的天线"的"指甲钳大王"。

1998 年的一天，报纸上一篇题为《话说指甲钳》的文章引起了梁伯强的兴趣。

梁伯强想，这里肯定有市场空白。如果自己能做出质量过硬的指甲钳，填补市场空白，不就获得了一个发展的机遇吗？后经过调查，梁伯强了解到，中国台湾销售的指甲钳并非产自台湾，而是来自韩国和日本。其中，韩国的指甲钳占据了世界指甲钳销量的头名。这一下，梁伯强心里有了底，他要到世界上指甲钳质量最好的厂家去学习技术。

1998年10月，梁伯强踏上了前往韩国的征程，去偷师学艺。他以做韩国著名的777牌指甲钳公司的代理产品为名，一口气买了30万元的货，然后以质量问题为理由，使对方老板亲自带梁伯强参观了生产的全过程。这学艺的过程，他前前后后花了一年多的时间。

1999年，梁伯强倾其所有，在宁波开发区投资了指甲钳生产线，并注册成立了圣雅伦有限公司。经过几年的发展壮大，

圣雅伦指甲钳销售额达到两亿多元，产品在全国四百多个商场销售，并成为中国指甲钳行业的第一品牌，进入世界指甲钳行业的第三名。

信息就好像空气一样，无处不在，报纸、杂志、广播、电视里的新闻包含着大量的信息，甚至街头巷尾都有信息。所以，如何处理好铺天盖地的信息，是关系到能不能赚钱的重要因素。解决了这个问题，赚钱就不成问题。

很多经营者缺乏信息意识，不做市场调查，凭着主观愿望盲目生产，或者子承父业，生产传统商品，或者仿制、仿造他人的商品，结果在激烈的竞争中一败涂地。有些经营者虽然重视信息，但是对于得到的信息反应迟钝而坐失良机，或者由于信息错误而导致错误的决策。

信息满天下，专寻有心人，收集信息要有针对性。无论你做什么生意，找信息不外乎这几点：相关投资项目的整体市场情况，自己想要投资的项目的情况，报纸、网站以及电视上对该投资项目的最新消息，成功人士的经验以及建议，别人投资失败的教训以及自己如何防范，时刻关注自己投资的时机。

总之，你要开发自己的各种感官，利用明亮的眼睛去看，用敏锐的耳朵去听。聚集各种有用的信息，然后再将其提炼总结，为自己所用。只有这样，你才能不仅仅成为信息的收集器，更成为一个财富的转化器。

一番寒彻骨，才得扑鼻香

众所周知，几乎每一个成功者都经历过企业的艰辛，他们大多经历了"一番寒彻骨"，才博得了"梅花扑鼻香"。在这一点上，福特汽车公司的创始人亨利·福特可以说是人们的典范。

亨利·福特是农家子弟，但他从小对农事毫不感兴趣，他认为，跟着慢吞吞的马后面犁田，实在太浪费时间，所以，他想制造出便捷有效的机械来代替人力、畜力。有一次，福特乘马车去底特律，途中，他生平第一次见到了一辆不用马拖、自己能行走的蒸汽推动的车子。趁这辆蒸汽车停下来时，福特向驾驶员问了一大堆有关性能、操作方法的问题。回家后，他整天琢磨如何仿制这样的发动机。他做了个木质车身，又用一个5加仑的油桶当作锅炉，试图推动他的"机车"。带着这样强烈的创业愿望，17岁的亨利·福特就到底特律的汽车制造公司就业了。可是，只干了6天，他就辞职了，原因是"该公司先进员工必须花费好几小时才能修复的机械，我只要半个小时就修好了，使那些先进员工对我感到嫉妒和不满。"

1891年，亨利·福特进了爱迪生电灯公司工作，仍致力于设计自己的"自动马车"，经过一段时间的艰苦奋战，他的愿望实现了。1899 年，亨利·福特成功地制造三辆汽车。1903 年 6 月，亨利又重新创立了福特汽车公司，他设计制造的"A 型车"销路奇佳，一年多时间里售出了一千多辆，后来，亨利又设计了 N 型车、R 型车、S 型车都十分畅销。1908 年，具有划时代意义的"T 型车"诞生了，此车先后共销出 150 万辆，为普及小汽车做出了贡献。到 1925 年 10 月 30 日，福特公司的工厂里一天能造出 9000 余辆 T 型车，平均 10 钟出一辆，从而创造了世界汽车生产史上的奇迹。

和福特的创业经历相仿，松下幸之助的创业历程也充满了风雨的砥砺。

1917 年，23 岁的松下幸之助从当时效益极好的王氏自行车店辞职，开始了艰难的创业历程。

"我要辞职。"他找到营业部经理说。

经理吓了一跳。

"你不要胡说！难得给你升上检查员，大家都为你高兴，不可以有这样的想法！"

经理严词反对，但松下幸之助同样的坚决。公司一再挽留，终于没能阻止他的决心。

松下幸之助为什么要自己创业呢？主要有三个原因：第一，他对于配线工的工作，无法产生满足感，加上他自幼身体羸弱，不可能坚持天天上班，从长远之计，必须独立工作。第二，他的父亲一直希望他能够成为杰出的商人。当他还在做学徒的时候，他父亲就反对他到大阪储金局当工友，理由是"经商如果获得成功，你就能够雇用有学问的人，这样可以弥补你自己学识不足，到大阪储金局当工友，就会变得一生受雇于人"。第三，他发明了插座用灯头。可是在大阪电灯公司的同事，都认为那种东西"卖不出去"，没有人赞成生产并销售这种灯头，而松下幸之助则对此坚信不疑，因此决定自立创业。

创业谈何容易，困难不断袭来：资金怎么办？厂房怎么办？人员怎么办？没有资金，松下幸之助拿出自己所有家当——包括离职金33元2角，公积金42元，全家省吃俭用的积蓄20元，全部资金共计95元2角日元；没有厂房，就把自己住的房屋当作工作场所，松下家有两间小屋，一间7平方米，一间4平方米，在两小屋中间的空地上搭盖了"厂房"；没有人员，就把自己的妻子井植梅之及内弟井植岁男作为合作者。之后又来了两位合作者，他们都是大阪电灯公司的同事，即森田延次郎和林伊三郎。

在林伊三郎的斡旋下，又借来了100日元，1917年6月工厂终于开业了，专门从事新改进的电灯插头的制造。但是，开业不久，他们便尝到了失败的滋味。抱着自信制作出来的新产品，尽管森田延次郎和林伊三郎找遍了大阪市的批发商，十天内只卖出100多个，还不到10日元。如此困难的处境，松下幸之助很难把工厂维持下去，更不可能支付同事们的工资。大家商量后，两位同事又各自谋生去了。

松下幸之助急得走投无路，将家里稍值点儿钱的衣物陆续送进典当铺，换来钱买食物。井植梅之无言地从箱底找出几件首饰，并拿下手腕上的手镯，一起交给松下幸之助去典当。55 年以后，已经功成名就的松下幸之助一次清点库存的一包旧文书时，翻了一本账册。据记载，由 1917 年 4 月至 1918 年 8 月，计有十几次将妻子井植梅之的衣服、首饰等物送进典当铺抵押借贷。看着这账本，心中翻涌出无限感慨，同时也衷心感激夫人在最困难的年代给予他的支持。

松下幸之助的坚持不懈终于得到了回报。当时，电器的绝缘材料主要是使用陶瓷，但也开始使用新绝缘材料，松下幸之助已经研制出这种新绝缘材料，一家生产电风扇的川北电气器具制造厂，对他研制的新绝缘材料颇感兴趣，希望订购 1000 个用这种绝缘材料制造的电风扇上用的底盘。这第一份订单，对松下幸之助来说，真是命运的恩赐。他日夜奋战，在交货期到来之前，终于完成了任务，得到了 160 日元的收入，扣除成本，净赚 80 日元的利润。这是松下幸之助创业后的第一笔利润，他兴奋极了，他看到了未来的希望。

至此，松下幸之助一发不可收拾，在经历了无数坎坷挫折，战胜了无数千难万险之后，终于建立了庞大的"松下电器王国"。松下幸之助多姿多彩、充满传奇的一生，会让人好奇、钦佩和追念。

其实，不只是松下，几乎所有人的创业都是艰难的，可是如果不能吃苦，不能坚守方正的目标，那么就会半途而废，根本就不会有机会体味到成功的喜悦。所以，如果想创业，就要有方正的目标的指引，并且有能够吃苦的精神，不管经历任何困难都不放弃。只有这样，我们才能获得成功，才能从中领略从付出到收获的苦涩与甘甜。

谋是基础，断是关键

"横看成岭侧成峰，远近高低各不同。"凡事难有统一定论，谁的意见都可以参考，但永远不可代替自己的主见。没有主见的人，就像墙头草，没有自己的原则和立场，不知道什么是对和错，不知道自己能干什么和会干什么，自然与成功无缘。

有主见，意味着思想上自立，即凡事都能独立思考。成大事者都善于思考而且是独立思考。要成大事的人，只有养成了独立思考的习惯，才能在风风雨雨的事业之路上独闯天下。

20世纪80年代早期，如果能在物资部门工作，尤其是在粮食系统工作，那可是件让人梦寐以求的美差。1984年之前的林聪颖，就是那批拥有美差的人之一。不过，林聪颖并不看重已经端在手里的金饭碗，在当地粮食系统工作几年后，他辞去工作，下海经商。

1984年，他用自己的积蓄以及向亲朋好友借来的4万元钱，与两个朋友合伙做起了粮食生意。没想到，朋友把他坑了，到了年底一结算，林聪颖不但没有一分钱的利润，本钱赔得一分不剩，还倒欠2万元的债。1985年大年初一的早晨，债主纷纷前来讨债。看见妻子落泪，林聪颖心如刀绞，也深深地自责——作为丈夫、作为父亲，不能让妻子和孩子生活幸福，实在是最大的失败。

春节还没过完，林聪颖带着仅有的200元钱，去江西九江销售拉链，然后转战大连、青岛，并最终在青岛找到了影响他一生的行业——服装销售。1989年4月，林聪颖回到老家晋江磁灶镇，决定开办一家服装厂，进行二次创业。

他的这一想法遭到了所有亲朋好友的反对，因为当地历史上从来没有一家服装企业，如果做服装生意，谁会买一个充满泥土和粉尘的地方生产的衣服？更何况，林聪颖不懂服装，凭什么去开服装厂？林聪颖却认为：服装属于生活必需品，而且随着生活水平的提高，人们对服装也会有更多要求，市场根本不是问题。自己不懂服装，但可以在实践中学习。

主意已定，林聪颖马上行动。他再次从亲朋好友那里借了72000元钱，没有厂房，就租；没有工人，就动员自己的亲戚、朋友；没有设备，就买二手设备；没有技术人员，就请当地的老裁缝。就这样，1989年，林聪颖的小服装厂在众人怀疑的目光中成立起来，这是福建省晋江市磁灶镇的第一家服装厂。

经过20年的发展，这家服装厂成为资产过亿元、员工人数近2000人的九牧王服饰发展有限公司。

假如林聪颖当初没有坚持己见，没有一心一意创办服装厂，那么，今天就不会有"九牧王"，更不会有它的辉煌战绩。"相信自己的选择是对的"，不被别人的言谈干扰，大胆去做，成功就一定属于你。

不论你是一个高层管理人员，还是正在创业的有志青年，制定决策时，既要有外脑的参谋，更要有内脑的善断。外脑之责在于谋，内脑之责在于断。谋是基础，断是关键。外脑是决策的参谋，是第二位因素；内脑是决策的主体，是决定成败的第一位因素，所以，领导者首先要知道自己的职责，否则，很难做出科学的决策。

从另一角度来看，参谋也是现实社会中的人，也是良莠不齐的，未必都能秉公直言，即便是敢于直言的，他们的意见也不可能百分之百都正确。参谋团的作用是帮助领导决策，但不能代替领导决策。领导者是决策的主体，处于主导地位，方案有多种，主意还得自己拿。如果自己毫无主见，完全依赖参谋，甚至把拍板定案工作都推给参谋团，这就是失职。

作为公司的引领者,独立思考是必需的。因此,平日里做事时,不要被别人的意见左右, 别人的意见仅仅是参考。如果自己的思路里有不好的地方可以进行修正, 没考虑到的地方, 可以用别人的参考来完善一下, 但是最终的目标不能左右摇摆不定。凡事可以多考虑一下, 一旦做了决定, 就不要轻易换目标。

把握机遇才能大展宏图

天才和机遇结合在一起, 必然会创造出惊人的奇迹

比尔·盖茨在计算机科学方面, 几乎没有人可以与他匹敌。他给教授们留下的深刻印象不是他的聪明才智, 而是他的巨大精力。一个教授说:"在计算机学科中成功的几个人里, 有一个人, 从他在台阶上一露面的那天起, 你就知道他特别棒, 他一定会成功, 这个人就是比尔·盖茨。"

比尔·盖茨常常于夜里在艾肯计算机中心工作, 那是这些计算机被最大程度使用的时候。有时, 筋疲力尽的比尔·盖茨会睡在计算机工作台上, 他连回到自己宿舍的力气都没有了。有许多个早晨, 比尔·盖茨在工作台上睡得死死的。很多人看了比尔·盖茨的样子, 都认为他不会有什么出息, 尽管他可能很聪明, 因为他的样子太脏了, 有很多头皮屑, 在桌子上睡觉。这种印象让人觉得他不是一个科学家的苗子，而只是一个计算机迷。事实上，对于计算机的未来，他们谁也不及比尔·盖茨看得更清楚。

有一天，在波士顿附近的霍尼韦尔工作的保罗·艾伦来看比尔·盖茨，他看到报刊亭里有几份即将发行的1月版《大众电子学》。保罗·艾伦对这个刊物很熟悉，他从儿童时代就开始阅读这个刊物。当他看到这本杂志时，心立刻狂跳了起来，那封面上印着一幅牛郎星（阿尔塔）8800计算机图片。一个长方形的金属盒子，前面有触发开关和显示灯。有一句广告词是：突破！世界第一台微型电子计算机，敢与商用型媲美！

看着这样的广告词，保罗·艾伦立刻买了一份，然后赶紧跑到比尔·盖茨的宿舍去和他谈。

"计算机的普及化势必到来。"艾伦的观点，比尔·盖茨不是没有认识到，应对这样的局势，办法只有一个，那就是马上开公司。但盖茨始终担心，如果自己因开办公司而荒废了学业，会引起父母的不满，而他很不乐意让父母替他担忧，也不愿引起父母的不愉快。可是艾伦不停地说："让我们开始创办计算机公司吧！让我们开始干吧！"盖茨回忆说，"保罗看见技术条件已经成熟，正等着人们去加以利用。他老是说，再不干就迟了，我们就会失去历史赋予我们的机遇，我们将遗憾终生，甚至被后人责备。"

于是，他们考虑制造自己的计算机。艾伦对计算机硬件感兴趣，而盖茨则对计算机软件情有独钟，他的软件才是计算机的"生命"。但很快，艾伦和盖茨放弃了自己动手试制新型计算机的念头。

他们决定还是紧紧抓住他们最熟悉的东西——软件。生产计算机花费太昂贵了，他们还没有足够的资金去冒险。

"我们最终认为搞硬件容易亏损，不是我们可以去玩的艺术。"艾伦说，"我们两人的综合实力不在这上面。我们注定要搞的是软件——计算机的灵魂。"

就这样，注定要震惊世界的微软公司成立了。机遇是一个人成功的基石，是其兴趣特长发挥的机会，比尔·盖茨抓住了机会，因而使自己的人生得以辉煌，特长得到发挥。由于把握了未来的趋势，更大的机遇在等待着他们。

当个人电脑正方兴未艾的 70 年代，个人电脑独占市场的趋势日见明了，而作为电脑巨人的 IBM 公司眼见苹果电脑公司在个人电脑上大抢其钱，也萌发了在个人电脑领域大显身手的欲望，于是，它看中了微软公司，并决定将软件业务承包给盖茨先生完成。

根据 IBM 公司与微软公司初期的合作协议，微软公司仅为其开发一套 BASIC 程序。

后来，IBM 公司为了和苹果电脑公司抢夺市场，决定连操作系统也由其他公司开发，为了尽快推出产品，IBM 公司要求微软公司设法找到或写出一套操作系统。比尔·盖茨再一次把握住了时机。在 IBM 公司的这次决定命运的会议上，计算机产业或者可以说整个商业领域的未来被改写了。这大大出乎人们的意料。蓝色巨人公司的主管与西雅图的一家小软件公司签约，为自己的首部个人电脑开发操作系统。他们以为这仅仅是向小合同商外购不重要的部件的举动。毕竟，他们做的是计算机硬件生意。硬件才是利润的竞争所在。但是他们错了，世界将要改变。在毫不知情的情况下，他们把他们的市场统领地位拱手让给比尔·盖茨的微软公司。

其实，在很大程度上 IBM 被比尔·盖茨利用了。但是与微软公司的这项签约决定不过是蓝色巨人所犯的一系列错误中的一个。这反映了 IBM 当时的骄傲自大。它也因此拱手让出了计算机的领导地位。一位曾在 IBM 公司就职的职员曾把 IBM 形容为：人们向上爬的方法是取悦他们的顶头上司而不是为用户的真正利益效力。所以机构臃肿、盲目自信的 IBM 遭遇到充满活力的微软。而觊觎已久的微软就像把肥硕而昏聩的水牛引到吞食活物的淡水鱼嘴边一样。

盖茨是幸运的。但是如果同样的机会落到他硅谷的同行身上，结果也许就不会是这样了。IBM 挑选了比尔·盖茨这个从不错失良机的人。只有这样历史才有可能被改写。在关系到一生的重大时机前，比尔·盖茨抓住了最重要的部分。IBM 忽视的也正是盖茨清晰看到的。计算机世界正在巨变的边缘，这被管理理论家称为转型。某种程度上盖茨了解到软件而不是硬件是未来发展的必争之地，这是 IBM 墨守成规的人所无法了解到的。他也了解到 IBM 将要求它的灵魂人物——市场部经理来为软件运行建立一个统一的操作平台。这个操作平台将以盖茨从其他公司购买的名为 Q-DOS 的操作系统为蓝本，而软件早已把 Q-DOS 改名为 MS-DOS。但是当时即便是盖茨也没想到这次交易给微软带来多么丰厚的利润。

由此可见，微软公司能有今天如此巨大的成就，相当程度上是靠了运气和盖茨先生过人的智慧。盖茨本身的学习和设计能力固然重要，但他懂得掌握老天赐予的良机，看准市场，终至取得了巨大的成功。

在一些良好的机遇中比尔·盖茨总会努力去把握，与 IBM 的合作，使盖茨为微软赢得了壮大的机会，也为开发软件产品的畅销创造了良机，正因这些，微软渐渐壮大，比尔·盖茨也逐步走向他的辉煌。

商业的发展和个人的发展，都需要把握机遇。有时候单单依靠自身的实力和能力是远远不够的，没有机遇，你再怎么有才华，都不会有发展的空间。所以，在日常生活中，我们除了锻炼自己的能力以外，还要学会发现机遇，掌握机遇。

不和恶性竞争沾边

"商场如战场"。竞争是不可避免的，通过竞争，大家会努力提高自己产品的质量、维护客户的利益，使市场出现欣欣向荣的局面。对于竞争，松下一向都持积极肯定的态度。不过，松下所说的竞争，是堂堂正正、公公平平的竞争。只有这样的竞争，才能获得上述的效果，否则只能带来混乱和衰败。松下说："维护业界和社会共同的利益，以促进全体人民的共存共荣，才是竞争的真正目的。必须以公开的、公平的方法竞争，为了业界的稳定，不论制造商、批发商或零售店，都绝不可只为反对而反对，不可为了想打倒对方的对抗意识而竞争，或借权力及资本和别人竞争。"

松下认为，下述的竞争都是不正当的，其后果只能是害人害己。

1.盲目削价

这大概是几乎所有的厂商及销售商都会使用的恶性竞争手段。如果是成本降低的低定价、季节性削价等，也尚无不可。要命的是有些人视正常利润于不顾，一味地削价，以扩大销路。松下认为，这种"竞争"害人害己：一方面的削价，可能引发大家竞相削价，害了别人；如果价削到了连正常利润、甚至些微利润都不能保证，就连自己也害苦了。这就违背了经营最基本的赢利原则。松下指出："即使竞争再激烈，也不可做出那种疯狂打折、放弃合理利润的经营。它只能使企业陷入混乱，而不能促进发展。倘若经营者都这么做，产业界必然展开一场你死我活的混战，反而会阻碍生产的发展、社会的繁荣。"

2.损害别人信誉

有些经营者求胜心切，便不择手段地诬蔑、诋毁同行，以此来打开自己的发展之路。松下认为，这太没出息，也很卑劣。对于对方的诽谤，也无须迎头痛击，真正坚强的话，应该是笑脸相迎。因为，诽谤者的命运与恶性削价者相比，更不堪一击，而且往往是跌倒了就无法再爬起来。

3. 资本横暴

这是一些实力雄厚的大公司常用的法子。他们依仗自己雄厚的资本，有意做出亏本的倾销或服务，以此来压倒中小企业的竞争对手，然后雄霸一方。松下以为，这是资本主义初期的产物，再用到今天来，就有些错得离谱了。

有些人认为，在商场上，不同行业可以各行其道，各得其所，如果是同一行业，则难以避免一场你死我活的竞争。特别是在同一地区、同一城市，尤其是在同一条商业街道，这种竞争则是赤裸裸的。一定时空条件下，客户的钞票是有限的，具体购买项目更是个定量，在别家买了，自己的生意就被夺去，反之亦然。于是在市场上有"同行是冤家"之说。

这是事实，但绝不是事实的全部。松下幸之助认为，你多我

更多，你好我更好，才称得上经营有方。于是同行在他的眼里是"同仁"，从未有过"嫉妒"二字。

同行是竞争对手，但绝不是冤家、死对头。要使你的生意兴旺发达，就必须学会在与同行的竞争中，求生存和发展，变同行竞争的压力为自己奋进的动力。尤其是当同行之间势均力敌，相互较量难分伯仲时，如果采取相互中伤、竞相杀价的恶性竞争，则大都会两败俱伤。

体育竞赛具有一定的规则，市场竞争也必须具有一定的规则。如果没有一定的规则，一场足球赛是无法进行下去的，必然会导致一片混乱，同样，如果没有一定的规则，市场秩序会引发混乱。

目前市场上有奖销售十分流行，严格地说这是一种不正当的竞争行为。得奖者毕竟是少数，绝大多数的顾客只是抱着赌博的心理来购物，对树立公司形象和信任并没有任何帮助。作为暂时的促销手段，可能也有一定的效果，但终究不是赢得竞争的长久之计。

有的企业为了击败竞争对手，采用削价倾销的方法，这更是一种不正当竞争行为。商品的价格要根据实际的成本和合理的利润来确定，如果削价倾销已无利可图，虽然暂时击败了一个竞争对手，但自己也可能因此大伤元气。

成功者通常避开人头攒动的大道，走人迹罕至的小路。要想在竞争中占优势，就应该踏踏实实地提高产品的质量，改善售后服务，努力树立企业的良好形象，这样可以有效避免卷入恶性冲突，也才能使你的经营长盛不衰。

第十二篇

亦方亦圆的经商战术

市场面前，速度制胜

我们讲"兵贵神速"，就是要尽可能快地对敌人进行打击。战争是残酷的，也是瞬息万变的。战争中，形势的转变往往在几分钟之内发生，没有高效的执行，输掉的可能不仅仅是一场局部的战斗。所以，无论是寻找战机、制定决策，还是采取行动，都要比对手抢先一步。

在企业的落实工作中，效率仍是一个制约因素。可以说，市场面前，速度制胜。"传媒大王"罗伯特·默多克说过："必须快速行动，除了快速做出决定并且以决定为基础采取行动外，没有其他方法可以击败你的竞争对手。懒惰是失败者的专利，只有快速才能生存。"我们看到，许多优秀企业也一直在强调速度和主动出击，因为机遇、市场是不等人的，迟一步就可能会满盘皆输。海尔便是一个强调速度的典型。

2002 年 7 月举行的一次互动培训课程，主题是"推进流程再造"，在会上，张瑞敏出了一个问题："如何让石头在水上漂起来？"话音刚落，会场上响起了各种答案。有人说"把石头掏空"，有人说"把石头放在木板上"，更有人说"做一块假石头"，这些回答都没有得到张瑞敏的赞同。直到副总裁喻子达喊出"是速

度”，这个问题才有了一个完美的答案。张瑞敏引用《孙子兵法》中的话说："'激水之疾，至于漂石者，势也。'速度能使沉甸甸的石头漂起来。同样，在信息化时代，速度决定着企业的成败。海尔流程再造要以更快的速度响应市场发展，以满足全球用户的需求"。这一番话为培训确定了主题。

有人问张瑞敏："海尔搞得那么好，你们是怎么做决策的？"张瑞敏回答："我们海尔永远是有50％的把握就上马。"他还说，"有50％的把握就上马，获得的是巨大利润；有80％的把握上马，获得的是平均利润；有100％的把握上马，一上马就死。"

海尔的这种理论，跟曾担任过惠普公司首席执行官的卡莉的观点是一致的，卡莉也曾提出过一个著名的速度理论：先开枪，再瞄准！她表示："过去我们的新产品要在各方面都达到95分以上才推出，现在我们应当改变这种思维方式，产品做到80分就该推出，然后再慢慢改进。"

对这一速度理论，卡莉有一个形象的比喻："你滑水冲浪，要保持一个速度才站得起来。在这一过程中，尽管我们很难精确抓住行进路线，但我们不能为了抓住路线而将速度放慢。网络的时代，要抓住速度，才能进入竞争的门槛！"按照一般人的思维模式，应该先瞄准，后开枪，否则就可能瞄不准目标。可是卡莉却偏偏反其道而行之，她上台之后，做的第一件事就是要求惠普"先开枪，再瞄准"。

因为在这个竞争激烈的年代，速度是决定胜负的关键。无数人都盯着同一个市场，如果你不立即做，马上就会被人捷足先登。

1992 年金秋，上海街头梧桐叶黄了，诱人的糖炒栗子满城飘香。某晚，酒足饭饱后，长住上海的温州乐清五金机械厂朱厂长逛街去了，他把这种消闲称为"跑信息"，或者说"捡钞票"。拐出延安东路就是热闹非凡的大世界，一家食品店门口排长队买糖炒栗子的人们引起了朱厂长的条件反射。这些年来，朱厂长悟出了一条发财真理："凡是人群密集的地方，一定有财神爷在微笑。"

朱厂长开始仔细地观察，他发现急于尝鲜的上海人买了糖炒栗子后，都咬着、剥着吃，而常常又把栗子内核弄得四分五裂，一副狼狈相。"能不能搞个剥栗器？"他迅速画出了剥栗器的草图，材料用镀锌铁皮，成本每只 0.15 元，出厂价 0.30 元。10 分钟后，朱厂长推开了商店主管室的大门，向主管推出了自己的创意。主管认为：这是一项发明，顾客肯定欢迎，不过，上市要越早越好，希望朱厂长在两个月之内保证上市。

朱厂长笑了："两个月？我一个星期后就送上门。"主管不相信：这审批、核价什么的，没两个月怎么行呢？当晚，传真将剥栗器草图传回了朱厂长在温州家乡的工厂，一副模具两个小时就出来了，冲床开始运转。3 天后，一卡车剥栗器涌进了上海，大大小小商店门口的糖炒栗子摊主都成了朱厂长的经销商。

朱厂长在商场的成功得益于其聪明的头脑，以及他抓住机会后能以最快的速度来执行的能力。曾任温州市委书记的董朝林说："温州人看到有钱可赚，第二天就弄台机器运转起来。机器可以放在家里或朋友的仓库里，行了再盖厂房，厂房大了才请管理人员。要是在其他地方，半年也论证不下来。"正因为温州人的"快鱼"精神，才创造了温州的辉煌。

日本著名企业家盛田昭夫说："我们慢，不是因为我们不快，而是因为对手更快。如果你每天落后别人半步，一年后就落后了一百八十三步，10 年后就是十万八千里。"

现在，市场已经从"大鱼吃小鱼"转变到了"快鱼吃慢鱼"的时代，速度和效率在某种程度上决定了企业的生存和发展。在讲求速度的今天，稍有拖延，错失的不只是一个商机，有可能使整个局面失控，甚至在竞争中的最终失败。

厚利多销："抢"富人的荷包

有的商人对薄利多销是不屑一顾的，他们会反问："为什么要为了获得薄利而多销？为什么不为了赢得厚利而多销呢？要知道，有钱人的荷包是鼓鼓的。"

薄利多销的经营法则被古今中外的商人所推崇，而且实践证明，这种经营法科学而可行。但有些商人采用逆向思维，他们自有一种与众不同的招数，对薄利多销的买卖毫无兴趣，却对厚利多销的生意兴趣盎然。

其实，厚利多销策略也有其优势。在薄利多销中，卖三件商品所得的利润只等于卖出一件商品的利润；但在厚利多销中，出售一件商品，获得一件商品应得的利润，这样既节省了各种经营费用，还可保持市场的稳定性，并很快可以按市价卖出另外两件商品。而以低价一下卖了三件商品，市场已饱和了，你想多销也无人问津了，利润起码比高价出售者少了很多，并毁了市场后劲。

因此，聪明的商人在经营活动中，为了避免其他商人薄利多销的冲击，他们宁愿经营昂贵的消费品，如珠宝、钻石、金饰之类，不经营低价的商品，这其中就包括聚成资讯集团有限公司。

随着企业的成长壮大，以及人才的充实，聚成开始着手开发新的产品和服务。聚成注意到，虽然国内的中小型企业发展速度快，但因为人才限制而频频遭遇发展的瓶颈，这困扰着很多企业的发展，而最需要提高素质的就是企业家群体。聚成总裁陈永亮结合"国学热"，提议开发高端产品——华商书院。

2006 年 12 月，聚成旗下的华商书院第一期商界领袖博学班顺利开学。12 月 20 日《广州日报》报道："久未听闻的《论语·学而》的朗诵声一阵阵从孔府旁边传出，如一轮暖阳流淌在山东曲阜的寒冬。这就是 50 位来自全国各地的企业董事长、总经理，作为华商书院第一期商界领袖博学班的学员，在中山大学哲学系主任黎红雷教授的带领下共同研读《论语》，以求从华夏最深邃的智慧中找到企业管理、富强的理念和方法。"

华商书院只为企业董事长、总经理开放，每期只招收 50 人。课程包括：8 大国学宝典品读——《易经》《论语》《道德经》《韩非子》《孙子兵法》《人物志》《禅宗智慧》《黄帝内经》；5 位历史人物研究——宋太祖、唐太宗、曾国藩、胡雪岩、毛泽东；企业家素质管理系统——宏观经济学、企业战略规划、企业家公众演说训练、企业资本运营。授课讲师则是由国内各学术领域和实战派企业家组成的庞大阵容。而其另一个特色就是国学、帝王学的授课地点基本上都是选择在历史人物、事件的发源地、转折地等处举行。例如，学儒商思想就去曲阜，研读诸葛亮就到"大江东去浪淘尽"的赤壁遗址，研读毛泽东就去伟人故里韶山，学习道家思想智慧就去道教圣地青城山去游学，学习禅宗智慧就到佛门净土少林寺。

与星巴克一样，聚成华商书院很好地实践了差别化战略：它是中国唯一一个只为年营业额在3000万元以上的董事长、总经理开放的学院，学员们可在此建立高端人脉网；它是中国唯一一个全国游学的学院，读万卷书，行万里路，寓教于乐；它还有一项独特的增值服务：同学企业互访，并实地讨论企业问题，集思广益。

由于有这三大差异，华商书院的学费由开始时的十几万涨到二十余万，仍不愁招不到学员。

这种厚利多销营销策略，是以有钱人作为着眼点的。有钱人看重身份、讲究文化品位，对他们来说，花几十万元上一期培训是很值得的，既增长了文化知识，又显示出社会地位，满足了他的心理需求。正如名贵的珠宝、钻石、金饰等消费品，一掷千金，只有有钱人才买得起。既然是有钱人，他们付得起，又讲究身份，对价格就不会那么计较。相反，如果商品定价过低，反而会使他们产生怀疑。俗语说"价贱无好货"，这句话给有钱人的印象是最深的。聪明的商人们就是这样抓住有钱人的心理，开展厚利策略经营，即使经营非珠宝、非钻石的首饰商品，也是以高价厚利策略营销。

当然，厚利多销并不意味着你的价格越高，别人就越愿意买。高档消费者也并不是盲目消费的，必须给他一个充分的理由，否则想要让他痛快地掏出钱来并不是件容易的事情。这个理由就是质量有保证，让他们相信高价物有所值，这样，你的生意才会越来越兴隆，创造的财富才会越来越多。

以狼的专注捕获每一个猎物

一个人不能同时骑两匹马，骑上这匹，就会丢掉那匹。所以，聪明的商人会把分散精力的事情置之度外，专心致志地做一件事，争取把事情做到完美。

狼很少攻击比自己强大的动物，除非是在毫无退路的情况下，它们才会与比自己强大的动物进行殊死搏斗。在围捕猎物时，狼群总是选择那些衰老的、幼小的、虚弱的或者有明显弱点的动物。狼群只是为了得到它们所需要的食物，杀死对方并不是它们的目的，它们的目标单纯而专注，以最小的代价换取最多的食物，这是狼的生存哲学。

狼与生俱来的专注能力告诉我们，在商界打拼要专一，一心一意的人才能笑到最后。范敏便是这样的人。

1999 年，范敏和三位友人在上海创建了携程旅行网。起初，携程旅行网的业务是酒店预订，2000 年组建了呼叫中心，后来逐步发展了机票预订业务和度假产品。历经 10 年的发展，如今，携程旅行网已成为国内最大的在线旅游预订平台，占有国内市场一半的份额。

同样做酒店预订，为什么携程的预订量特别大，而其他公司的业务量就不行呢？其成功的秘密就在于"打电话"的学问。如果拨打携程的免费订票电话，你会感觉每次接电话的似乎都是同一个人：20秒之内一定会接通，语气轻柔，一般180秒内就能完成预订。

在接电话的细节上，范敏下了很大的功夫。携程的呼叫中心投入使用之后，范敏每天拿出半个小时专门听电话，随机切入顾客拨入携程的任何一个预订电话中，发现接线员在回答顾客的问题时有不到位的地方马上记录下来，专门做分析，重点整改。他不厌其烦地一遍一遍地听，一个字一个字地斟酌，最后才形成了统一的标准：接线员怎么说、说什么、说多长时间。

为什么范敏花费这么大的精力在如何接电话的问题上呢？对此，范敏解释道："我10年来一直从事旅游行业，就这个行业来说，

你怎么接电话、怎么让人家给你东西、怎么把东西递给人家、怎么说谢谢，这些细节堆在一起，就反映出你有没有可持续发展的核心竞争力。"

范敏强调，携程能成功，不是因为打造了酒店预订、机票预订和度假业务等几大赢利点，而是因为专注做好一件事。先埋头做酒店业务，成功之后再开发机票预订、度假业务。携程的原则就是，每推出一个新项目之前，必须保证现有业务已非常完善。"如果当初这些项目一窝蜂地上，携程肯定做不成现在这样。"

只做好一件事，意味着集中精力发展，而不是多元化发展。很多人涉足很多领域，学习很多知识，其实内部很虚弱，每一项都没有很强的竞争力。目标定了很多，什么都想做，但什么都没有做到最好，实质是没有自己的核心竞争力。从商业的角度来讲，专注者得市场，因为专注可以弥补技术上的不足。中国台湾集成电路公司在放弃其他生产线，决定只做来料加工时，曾经遭到内部管理人员的抵制，但事实证明，这条路走对了，现在美国前十大设计公司，几乎都是它们的客户。

专注可以提升竞争优势。哈佛大学策略大师波特指出，面对未来经济竞争，唯有与同行策略相异，产品与服务相异，才能长保竞争优势。这就要求企业管理者瞄准自己的特长，避开自己的不足，提升自己专业生产方面的竞争优势。四通打字机在 20 世纪 80 年代初期曾经火了一把，但现在几乎没有什么人用它了。四通董事长段永基在反思四通的失败时认为，四通和国内大部分企业一样，犯了一个大而全的错误，当国外的企业都在进行精细的分工合作时，国内的企业却被大而全拖垮了。一个产品，所有的部件都要生产，必然会使创新能力和创新速度下降。

专注者能在竞争中与合作伙伴取得双赢。现在一些企业之所以要搞大而全，一个根本的原因就是合作精神不足，担心配套企业不能配合生产，或认为把自己可以做的部件让给别人去加工是肥水外流。这种思想导致企业摊子越铺越大，结果反而降低了产品的市场竞争力。

"把所有的鸡蛋都放进一个篮子里。"这是商界信奉的一条不成文的法则。只有集中所有力量，取得一个行业的垄断和领先地位，再不断地做科研，使自己的技术无法被同行业的竞争者所超越，才能取得超额利润。从这个意义上讲，范敏确实是"一根筋、一条路"，他的故事也告诉了我们，只有集中精力做好最重要的事，才能获得成功。

从商之道，和为上

人在社会上闯荡，难免会树敌，在尔虞我诈的商场中，树敌更是在所难免。如何处理好与这些"敌人"的关系？红顶商人胡雪岩有这样一句话："多一个朋友多条路，多一个敌人多堵墙。"

做生意讲究和气生财，因此，在合适的时候，我们大可以化敌为友，借助对方的力量共同致富。

我们先来看一下胡雪岩帮助王有龄化解宿怨、共同赚钱的例子。

王有龄是胡雪岩的老朋友，这一天他去拜见巡抚大人，巡抚大人却说有要事在身，不予接见。王有龄之前与巡抚关系一直较好，以前每次去巡抚都是马上召见，这次不知因何不予召见，故王有龄找胡雪岩共同分析原因。

胡雪岩与巡抚手下的何师爷是故交，于是向他打探缘由。

原来，巡抚黄大人听表亲周道台一面之词，说王有龄所治湖州府今年大丰收，获得不少银子，但孝敬巡抚大人的银子却不见涨，可见王有龄自以为翅膀硬了，不把大人放在眼里。巡抚听了，心中很是不快，所以就给了王有龄一点儿颜色看。

问题出在周道台身上，而这周道台与王有龄以前曾有过官场上的一些过节，一直怀恨在心，便在巡抚跟前经常参王有龄。

原因查明后，该如何处理，这让王有龄犯难了。要知道官场上十个说客不及一个戳客，有周道台这个灾星在巡抚身边，早晚会出事。

胡雪岩劝老友先莫焦躁，待他打探一下情况再从长计议。当夜，胡雪岩便花重金向何师爷打探了周道台的情况，希望能找到蛛丝马迹，不料真抓住了一些把柄。

原来，周道台财迷心窍，为了拿到十余万两银子的回扣，居然瞒着巡抚与浙江蕃司共同购船。且不说这蕃司与巡抚向来不合，仅越职僭权一罪就够他受的。

王有龄听后大喜，主张告诉巡抚，胡雪岩却认为万万不可，生意人人做，大路朝天，各走一边，如果断了别人的财路，那得罪的可不是周道台一人。

最后，他们商议恩威并济。

一则派人在周道台院中塞一封信，信中记载周道台的种种劣迹以及近期购船一事，由何师爷晓以利害，动以大义，最后出谋划策让其与蕃司划清界限，以免做了事发后的替罪羊，然后寻一巨商共同购买船只，回扣仍然拿，再上报巡抚，把所有的风险一并化了。

二则让何师爷向周道台点明王有龄、胡雪岩可以为他出资。周道台想想确实无路可走，于是次日凌晨便来到王有龄府上。王有龄虚席以待，听罢周道台的来意，王有龄沉思片刻，道："这件事兄弟我原不该插手，既然周兄有求，我也愿意协助。只是所获好处，分文不敢收。周兄若是答应，兄弟立即着手去办。"周道台一听，还以为自己听错了，赶紧声明自己是一片真心。

两人推辞半天，周道台无奈只得应允了。于是王有龄到巡抚衙门，对巡抚称自己的朋友胡雪岩愿借资给浙江购船，事情可托付周道台办。巡抚一听又有油水可捞，当即应允。

周道台见王有龄做事如此厚道大方，自觉惭愧，办完购船事宜后，亲自到王府负荆请罪，两人遂成莫逆之交。

胡雪岩一向认为生意场中，没有真正的朋友，但也并非到处都是敌人。既然是过独木桥，都很危险，纵然我把你挤下去，谁又能担保你不能湿淋淋地爬起来，又来挤对我呢？冤冤相报何时了？既然大家图的都是利，那么就在利上解决吧！

和气生财不仅是胡雪岩的致富法则，更是所有富人的致富宝典。从商之道，和为上；为人之道，和为贵；义利相生，和为上。人是群体动物，人与人之间能否和睦相处，对事业影响很大，善于处理人与人之间的关系，这成为富人们发财致富的一种技巧。

和气生财，要求我们与人谈判时，主动把自己的创意或建议变成对方的，把你的创意或建议变成钓饵，对方会自然而然地上钩。比如说，你想让对方接受你的意见，"你这样想过吗"的说法，要比"我是这样想的"更能打动对方，"试一试看看如何"的说法比"我们非这样做不可"更能获得对方赞同。这就让对方觉得你的意思就是他的本意，他的意见得到接纳，那么他也会比较容易采纳你的建议。

另外，委婉地说出你的意见，就不会伤害对方的面子。"面子"不单是东方人注重，西方人也很讲究，所以提意见要注意。如果毫不客气地向对方提出你的意见，出于面子，对方往往会本能地不予接纳。相反，你采用和顺婉转的方式提出，对方的面子堤围可能会自然开闸。如果你以冷静而温和的方式提出你的意见，然后说"我是这样想的，但可能有许多不当之处，不知你对这方面的意见怎样"，这么一说，对方可能会完全接纳你的意思。

商海论战，"稳"字当先

商场如战场，很多时候并不是单单凭借激情就能够独当一面的，而更多的是要依靠"稳"，才能赢得一番天地。

说到"稳"，我们不得不提到"东方船王"包玉刚。

60 年前的宁波小镇上，包玉刚出生于一个小商人家庭，父亲包兆会是个市井小商人，常年在汉口经商，每一分钱都浸满汗水。家离海不远，包玉刚经常去看海，看船。命运似乎有某种笃定，一定就是一生。包玉刚在 13 岁的时候到上海读了一个船舶学校，抗日的时候被迫中断，又去银行里当小职员。1949 年初和父亲来到香港，自此踏上航海业的征程。在 1949 年到 1978 年间，包玉刚用不到 30 年的时间在一条破船上成长为享誉世界的船王。此中艰辛常人难以理解。

而远在香港，有一个人也正强势崛起，那就是比他小 10 岁的李嘉诚。李嘉诚通过苦心经营，跻身华人首富，一样的艰苦，一样的令人瞩目。一边是船王包玉刚，一边是首富李嘉诚，两人都不会想到如今同会于香江湖畔，一起阻击西洋财团。

1978 年 7 月的一天，李、包两人密会于香港中环文化阁一间隐蔽的房间。谈话的主题直奔九龙仓。

在那次密会中，李嘉诚打算将手中持有的 2000 万股九龙仓股票转让给包玉刚，包玉刚必须帮他在汇丰银行承接和记黄埔的 9000 万的股票。包玉刚意在九龙仓，李嘉诚意在和记黄埔，两大巨头各有所指，共同的目的却是对抗盘踞九龙仓的英国财团怡和。

　　两人一拍即合，包玉刚当场同意李嘉诚的建议，同时约定事成之前不向外界走漏半点儿风声，这就是著名的"阁仔会议"。

　　但是为了以防万一，包玉刚在承接了李嘉诚 2000 万九龙仓股票后，又悄悄买进 1000 万股，整个过程神不知鬼不觉，直到他持有的九龙仓股份达到 30%，高于怡和的 20% 时，才高调地宣布自己已是九龙仓最大的股东。

　　为了更加稳妥的掌控九龙仓，包玉刚又将手里的股票以高于市价的价格转让给环球旗下的隆丰国际，以此来表明，他的最终目标是掌控九龙仓 50% 以上的控股权。而且，即使这次有什么闪失，他顶多赔掉一个隆丰国际，对自己的财力并不会造成太大影

响。包玉刚步步为营，他用自己的沉稳和谋虑逐渐接近目标。

英国财团的掌控者知道这个消息后暴跳如雷，扬言反击。一股大战前的血腥味似乎正在笼罩香港的上空。

1980年的夏天，包玉刚按原计划要进行一场环球旅行。期间，他要途经法国巴黎、德国法兰克福、英国伦敦，最后还要飞到墨西哥与墨西哥总统会面。当时的包玉刚风光满面，九龙仓争夺权已基本胜券在握。但他不知道的是，自己的这一行程已被英国财团眼线获知，英国人已经谋划周全，只待包玉刚离开香港，反击立刻上演。天平开始倾向另一方。

果然，包玉刚前脚刚到欧洲，怡和就抢购九龙仓股份。他们的目标是将自己的持股率增加到49%，包玉刚的股票只有30%，如果想超过怡和，就要在两天内筹集数十亿现金，再买入20%的九龙仓股票，他有这个实力吗？得到怡和反扑的消息后，包玉刚的女婿、自己的得力干将吴光正，马上给包玉刚打电话，告知急情。从吴光正略显惊慌的话语中，包玉刚得知此事的严重性，他先平复女婿的心境，然后详细询问整个事件的经过。英国人是在逼自己全盘收购九龙仓，但他当时根本没这个实力。吴光正说，如果他们也和英国人一样，将九龙仓的股票持有率增加，就会占有比较有利的位置。因为当时怡和只有20%的股票，而包玉刚则有30%，再买进20%股票的话，就可稳操胜券，整个过程如果用现金交易，优势会更大。

包玉刚当即同意此方案。但他当时手里只有5亿现金，为了筹款，便详细地做起了安排：他先是致电在伦敦的汇丰银行老板，第二天上午共进早餐，再向原本确定出席的会议和见面的人物致函道歉，说自己因个人事务不得不取消这些议程。接着，他便直飞伦敦筹款，整个过程顺利得异乎寻常，财团很快答应了包玉刚借款15亿的要求。钱的事准备妥当后，包玉刚又密电吴光正给自己订购苏黎世直飞香港的飞机票，自己则按原计划飞到墨西哥与该国总统见面，以麻痹英国人的眼线。在到了苏黎世后，他就悄悄地登上事先早已预定好的飞机，直飞香港。整个过程，包玉刚非常冷静，甚至冷静得有些惊人。

回到香港后，包玉刚选择了一家平时并不常住的酒店下榻，然后立即布置收购的相关事宜。在确定怡和出价100元一股后，包玉刚决定以105元一股与之对抗，因为是现金买进，这个价格英国财团肯定无力还手。确定这点，包玉刚当天晚上就召开了新闻招待会，高调地宣布自己将再买进2000万股九龙仓股票。而在解释自己怎么筹到这笔巨款的时候，包玉刚只是轻描淡写地说自己只是到当铺转了转。自此，英国财团怡和彻底被击退。

在整个九龙仓收购战中，包玉刚共动用了23亿现金，人们在不断地感叹，在这场震动世界的商业并购案中，船王是如何在如此的短的时间内筹到这些资金的？有些人说是因为他的临危不乱，也有些人认为是他的个人魅力和身后的强大财团。但不管依靠什么，有一点不可否认，包玉刚的沉稳、老谋深算在关键时刻挽救了他。联手强人、瞒天过海的出游计划、尘埃落定后的平静言语，包玉刚的商业智慧让这艘在大海上飘荡了半个世纪的大船，终于安全靠岸，续写传奇。

通过包玉刚的事迹我们发现：商海，有时候波澜不惊，却又暗潮涌动，其间的博弈格局，变幻莫测，一个看似不经意的落子，可使双方易局，逆转颓势。经商如行走江湖，"稳"不是退缩保守，而是在深思熟虑谋篇布局后，决然出招制胜。如同盖世的侠客，在利剑出鞘的那一刻，胜负已然分明。当他飘然而去的时候，只能看到狼烟背后的宠辱不惊。诚如包玉刚，这个经过大风大浪的人，不会在乎这一时的波涛了。

把"双赢牌"的蛋糕越做越大

两个钓鱼高手一起到鱼池垂钓，不多久功夫，皆有不少收获。旁边的看客十分羡慕，纷纷买竿一试。但看客们不谙此道，怎么钓也毫无成果。两位钓鱼高手性情各不相同。一位孤僻而不爱搭理别人，单享独钓之乐；另一位热心、豪放、爱交朋友。爱交朋友的这位高手对看客说："这样吧！我来教你们钓鱼。如果你们学会了我传授的诀窍，每10尾就分给我一尾，不满10尾就不必给我。"看客自然乐意。教完这一群人，他又到另一群人中，以同样的条件传授钓鱼术。

直到傍晚时分，这位热心的钓鱼高手也没碰一下自己的钓竿，他把所有时间都用于指导，却收获了满满一篓鱼，还认识了一大群新朋友，备受尊崇。同来的朋友闷钓一整天，钓的鱼只有他的1/3，更没有享受到朋友亲和的乐趣。

这个故事给了我们这样的启示：当你帮助别人获得成功——钓到大鱼之后，自然在助人为乐之余而得到回馈。双赢是最美好的事情，有谁不愿意干呢？

双赢是现代经营者理性的明智选择，现代社会的发展已使人们意识到"你死我活"独占欲望的结果是一无所有，得到的只是比以前更坏的境遇。而双赢则可以改变这种境况：使双方从对抗到合作，从无序到有序，从短暂的存在到永久的矗立，这些都显示出双赢代表着一种奋进的精神，一种公正的理念和一种精明睿智。

双赢理念的目的是为了在人与人以及人与自然的关联中赢得更好的结果，它不是逃避现实，也不是拒绝竞争，而是以理智的态度求得共同的利益。因此，对人而言，双赢的态度是积极的，它的精神是奋进的，它拒绝消极回避、悲观无为的思想，而以积极追求的心态求得预想的目的。一些人认为：双赢的背后就是认输，是不求其上、只求其次的庸人表现。眼光远大的人则认为，双赢是基于对自身的环境的科学分析而做出的明智选择，是积极的判断和果敢的行为。

双赢作为一种理念，它体现了一种公正的价值判断，这种公正性不仅表现在对别人利益的尊重上，也表现在对自身利益的取舍上。这是因为，现代社会是一种共存共荣的社会，自己的生存和发展以牺牲他人的利益为代价的时代已不存在，取而代之的则是必须赢得他人的帮助和合作才能发展和壮大自己。在这个过程中，只有利益共享才能形成良好的合作，才能取得别人的帮助，使自己成功。这种利益共享的合作双赢理念正是公正精神的体现，它符合社会发展的规律。

双赢不仅表明它是一种现代理念，同时它也是现代智慧的结晶。没有对自身条件的分析，没有对周围环境以及未来发展趋势的分析，则不能形成双赢理念；有了这种理念，如果没有科学的方法、明智的行为、超常的胆略，也不能产生双赢的结果。

威尔逊与捷奇相识于 1963 年，当时威尔逊在捷奇叔叔的顾问公司里工作。1974 年，威尔逊加入了马里奥特公司，第二年，他便雇用了捷奇。1982 年捷奇转到巴斯公司任职。1984 年，他非常机敏并艺术地处理了涉及巴斯公司用一块土地与迪斯密公司交换 25%股权的棘手问题。后来，他又干脆为迪斯密公司设计了一整套可行性计划，为此，他花去了整整 6 个月的时间！同年，威尔逊也进入了迪斯密公司，并担任最高财务主管。

他们为迪斯密公司工作，可以说是赚进了万贯财宝：捷奇得了 5000 万美元，威尔逊则得了 6500 万美元。1989 年，两人共同出资，再加银行的巨额贷款，买下了西北航空公司。经过多年的经营，西北航空公司为二人带来了难以计数的好处。

显然，正是因为双赢的理念才使得二人互补互惠、互助成功的。

同样大的一块蛋糕，分的人越多，每个人分到口的就越少。由此，我们可能会去争抢食物。但是如果我们是在联手制作蛋糕，那么，蛋糕做得越大，我们就越不会为眼下分到的蛋糕大小而感到不平了。因为我们知道，蛋糕还在不断做大。而且，只要把蛋糕做大了，根本不用发愁能否分到蛋糕。

但有些商人总是喜欢相互拆台，根源正是这些人的抢占思想。他们的一个突出表现，就是必欲置对手于死地而后快。为了达到这个目的，不计代价，形成过度竞争，结果大家都没有好日子过，都受穷。

喜欢拆台的商人会认为你多我少，你死我活，因此就以杀伤对方来获得自己的成长。但是，过度竞争的结果就是大家都无法获得持续增长。在这种意义上讲，这些人的不合作思想，使之难以成为真正的富人。

有肯德基的地方，基本都有麦当劳。他们虽是竞争关系，但是，肯德基却没有发动个什么"战役"把麦当劳给消灭了，相反，他们在互相竞争中促进彼此的进步，共同培育了市场。可口可乐和百事可乐也是如此。他们互相视对方为主要竞争对手，但是却从来不搞恶性竞争，甚至连促销活动往往都有意错开。这就是双赢的最好证明。